라틴아메리카 대기환경과 기후변화

"이 저서는 2009년도 정부(교육과학기술부)의 재원으로
한국연구재단의 지원을 받아 수행된 연구임(NRF-2009-413-B00004)"
"This work was supported by the National Research Foundation of
Korea Grant funded by the Korean Government
(NRF-2009-413-B00004)"

한국외국어대학교중남미연구소 라틴아메리카총서 09

Latin America
Atmospheric Environment
and Climate Change

정경원 외 지음

라틴아메리카 대기환경과 기후변화

HU:iNE

저자서문

중남미 및 카리브는 풍부한 생물자원, 산림자원, 광물자원을 보유하고 있는 지역으로 기존의 정치경제적 방식보다는 환경이라는 이슈로 상호 간의 윈-윈 모델을 개발하는 소프트 외교 강화에 중점을 두고 접근해야 한다. 이러한 관점에서 한국외국어대학교 한-중남미 녹색융합센터에서 추구하는 "녹색성장을 위한 한-중남미 협력모델 창출" 연구는 한국과 중남미 및 카리브 양 지역의 비교우위에 기반한 상호 호혜적 협력의 실행을 목적으로 하고 있으며 궁극적으로 우리나라의 융합녹색기술의 중남미 진출 고리를 창출하는데 있다. 또한 한국과 중남미 및 카리브 간 환경 연구 분야에서 새로운 인프라를 구축하고 글로벌 환경 전문 연구기관들과 네트워크를 강화하는 데에 크게 기여할 것으로 기대된다. 지난 6년 동안 중남미 및 카리브 지역을 대상으로 환경제도 및 정책, 환경오염 현황 등의 분석과 연구 결과들을 데이터베이스화하고 있다. 중남미 및 카리브 지역에 대한 환경 및 자원외교의 정책적 지원, 그리고 기업의 중남미 진출을 위한 환경산업 협력 강화를 위한 미래 정보를 축적하기 위해 지속적인 연구를 수행하고 있다. 본 저서는 중남미 및 카리브 지역에서 대기환경과 기후변화를 주제로 한국외국어대학교 한·중남미 녹색 융합센터에서 수행된 7개의 논문 내용으로 구성되었다.

첫째, 중남미 및 카리브 지역에서 탄소 추적 시스템을 이용하여 2000년부터 2009년 까지 10년 동안 생물권, 화석연료, 산불, 해양 분야에서 평균 탄소 배출량을 추적하였으며, 각각 -0.03, 0.41, 0.296, -0.061Pg C/yr 로 나타났다. 생물권, 화석연료, 해양 분야에서 중남미 및 카리브 지역 배출량은 북미 지역의 43, 23, 13%에 해당하였고, 산불의 경우에는 북미 보다 30배 이상으로 산불이 중남미 및 카리브 지역에서 주요 배출원임을 알 수 있었다.

둘째, 칠레에서 운영 중인 국가 대기환경 감시망은 설치 주체 및 운영주체가 개별화 되어 있으며 정도관리 및 자료관리 체계도 지역별 내지 사설운영 기관에 따라 개별화 되어 있다. 우리나라의 집약된 대기환경 감시 시스템과 정도 관리 프로그램을 칠레에 기술 이전하여 효과적이고 경제적인 국가 대기환경 관리를 위한 실시간 감시 체계와 정도관리의 표준 운영체계가 구축될 수 있도록 협력체계를 구축해야 하겠다. 이를 위해 환경부에서 운영하고 있는 국가 대기환경 감시 및 정보 시스템(NAMIS)의 운영 및 관리 기술을 지원해야 하겠다.

셋째, 멕시코 정부는 '환경오염 통제 및 예방을 위한 연방법' 제정을 시작으로 1988년 '생태균형 및 환경보호 일반법' 그리고 1990년-1995년 사이 '대기오염방지 통합프로그램' 시행과 1996년 'PRO-AIRE' 프로그램을 도입하여 획기적으로 대기질 개선을 이루었다. 1986년 이후

SO_2와 CO 그리고 NO_2 성분이 각각 87%, 80% 그리고 39% 감소하였다. 멕시코시티는 지역별로 대기오염물질의 영향이 상이한 것으로 평가되었다. 최근 5년 동안의 연평균 농도는 증감을 반복하고 있고 중남미의 다른 대도시와 비교하면 여전히 대기환경 개선이 필요한 상황이었다.

넷째, 브라질 상파울로 주정부의 대기오염 감축 정책은 1980년에 시행된 차량 대기오염 통제를 통해 시작했다. 기술의 개발과 교통 부문에 대한 효율적인 관리시스템 확대를 통해 많은 제도와 프로그램이 만들어 졌으며 정책적 이행으로 옮겨졌다. 특히 에너지자립이라는 에너지안보 정책으로 시작되었지만 새로운 대체에너지원으로 바이오에탄올 개발은 대기오염을 줄이는 데에 많은 기여를 한 것으로 분석되었다. 다만 새로 등장한 에탄올생산으로 인해 부가적으로 발생하고 있는 소각 및 도시로 장거리 이동 되는 부작용 문제들은 향후 브라질 정부의 대기오염과 미세먼지 감축 정책에서 추가적으로 고려해야 되겠다.

다섯째, 1980년대 말에 이르러 브라질 산림은 환경 및 사회운동의 출현과 함께 정치적 아젠다로 떠올랐다. 브라질 산림정책은 환경보존정책, 목재생산 정책, 농업정책, 농지개혁정책, 기반시설 정책 등에 의해 크게 영향을 받는다. 또한 지주들의 로비와 소작농의 이해관계는 정치권에 영향을 주어 정책변화를 유도하기도 하였다. 최근의 기후변화는 저탄소에너지로서 바이오 에너지의 중요성을 부각시킨 반면에 산림지역이나 사바나 지역의 토지변경을 가져오는 주요요인이 되고 있어 국제적인 관심을 받기도 하였다. 앞으로 브라질 산림은 환경보존과 국가적 차원의 경제 성장이라는 두 가지 목표사이에서 균형점을 찾아야 하며, 지속가능한 성장의 한 단면으로 발전되어야 하겠다.

여섯째, 라틴아메리카의 온실기체 배출에서 가장 특징적인 요소이면서 지구적 기후변화에 공헌을 할 수 있는 부문은 산림과 토지전용과 관련된 문제임을 알 수 있었다. 조림에서 CDM의 확장과 토지전용 및 산림악화에 대한 REDD프로그램의 크레딧 형성 또는 감축의무국의 성과로 인정하는 방법들을 통해 산림과 토지전용에 대한 프로젝트 확장을 모색해야 하겠다. 또한 교통부문은 라틴아메리카와 카리브 지역의 대기오염과 관련되어 있으며, 이 지역에서 온실기체 발생량에서 가장 큰 부분을 차지하고 있다. 따라서 교통부문에서의 CDM 프로젝트의 다양성을 통해 이 지역에 실질적인 이익이 되는 방법을 모색해야 하겠다.

일곱째, 라틴아메리카 지역의 기후변화 대응 정책 및 제도 발전의 수준은 얼마나 될까? 대표적으로 기후변화 관련 국제협상 참여 및 관련 정책과 제도 발전에서 우수한 성적을 내는 국가들은 브라질과 멕시코이다. 물론 양국의 글로벌 아젠다인 기후변화 이슈에 대응하기 위한 정책, 제도, 기구 그리고 이에 대한 정책결정자들과 시민사회의 반응 등은 상당히 다르다. 특히 기후변화 협상과정에서 국가 차원의 대응 수위를 정하거나 결정하는 양국의 정치경제적 차이와 관련 변수에 따라 다를 수밖에 없다. 이에 더하여 개별 국가마다 서로 다른 탄소배출 정도, 이에 대한 기후변화 영향과 위기 대응 인식, 기후변화 국제협상 과정에서 나타난 국내외적 변수들에 따라 또 다를 수밖에 없다. 예를 들어, 오늘날 기후변화 대응 정책 선호도 차원에서 멕시코는 재생에너지 부문에 특화된 정책 선호도를 가지고 있지만, 브라질의 경우는 산림황폐화를 줄이면서 기후변화에 적극적으로 대응하려는 정책 선호도를 나타내고 있다.

본 저서를 통해 중남미 및 카리브 지역에서 대기환경과 기후변화에 대한 더 많은 이해와 연구가 이어질 수 있기를 바란다. 그리고 중남미 및 카리브 지역에 진출하고자 하는 환경산업 기업인들에게 좋은 참고

자료가 되길 기대한다. 저서 집필에 참여해 주신 연구교수 분들께 감사의 말씀을 드린다. 또한 한국외국어대학교 지식출판원과 편집과정에서 수고를 아끼지 않았던 한·중남미 녹색연구센터 조교들에게 고마움을 전한다.

2014년 6월

대표 저자 정경원

목차

중남미 및 카리브 지역에서 탄소 추적 시스템 개발을 위한 예비 실험

Preliminary analysis of the development of the Carbon Tracker system in Latin America and the Caribbean

The Carbon Tracker system will play a major role in understanding CO_2 sinks and sources, gas exchange between the atmosphere and oceans, gas emissions from forest fires and fossil fuels in Latin America and the Caribbean. This analysis aims to discuss the trends in the carbon fluxes in the biosphere, ocean, and emissions from forest fires and fossil fuel use in Latin America and the Caribbean using the Carbon Tracker system. From 2000 to 2009, the mean carbon flux for the biosphere, fossil fuel use, wildfires and the ocean in Latin America and the Caribbean were -0.03, 0.41, 0.296 and -0.061Pg C/yr, and -0.02, 0.117, 0.013 and -0.003Pg C/yr in Mexico, respectively. The mean net carbon flux for Latin America and the

Caribbean, and Mexico was 0.645, 0.126Pg C/yr, respectively. The terrestrial sinks in Latin America and the Caribbean are dominated by the forest/agricultural/grass/shrub regions and Andes Mountains, and the net surface-atmosphere fluxes including fossil fuel are dominant in the regions around large cities in Mexico, Brazil and Chile, and areas undergoing deforestation along the Amazon River. The results confirm that forest fires are an important source of CO_2 in Latin America and the Caribbean. From this analysis we are confident that the Carbon Tracker system in Latin America and the Caribbean can play a major role as a scientific tool in understanding the uptake and CO_2 release from terrestrial ecosystems, fossil fuel use and the oceans, and for long-term monitoring of atmospheric CO_2 concentrations.

KEYWORDS

Carbon Tracker system, CO_2 sinks and sources, Latin America and the Caribbean, biosphere, fossil fuel, forest fires

요 약

본 연구에서는 중남미 및 카리브 지역에서 생태계, 해양, 산불, 그리고 화석연료 등에 의한 탄소 순환을 이해하기 위한 탄소 추적 시스템을 구축하는데 중점을 두고 있다. 탄소 추적 시스템은 NOAA ESRL(National Oceanic & Atmospheric Administration, earth System Research Laboratory)에 의해 개발된 최신 과학 도구이다. 중남미 및 카리브 지역에서 2000년부터 2009년 까지 10년 동안 생태계, 화석연료, 산불, 해양 분야에서 평균 탄소 배출량은 각각 -0.03, 0.41, 0.296, -0.061Pg C/yr 이였으며, 멕시코에서는 -0.02, 0.117, 0.013, -0.003Pg C/yr 로 나타났다. 생물권, 화석연료, 해양 분야에서 중남미 및 카리브 지역 배출량은 북미 지역의 43, 23, 13%에 해당하였고, 멕시코 지역에서는 29, 6, 0.6%를 차지하였다. 산불의 경우에는 중남미 및 카리브 지역에서 배출량이 북미 보다 30배 이상 많았으며, 산불이 중남미 및 카리브 지역에서 주요 배출원임을 알 수 있었다. 중남미 및 카리브, 멕시코 지역에서 10년 동안 평균 총 탄소 배출량은 각각 북미 배출량(1.34Pg C/yr)의 48, 9%에 해당 되었다. 본 연구를 통해 중남미 및 카리브 지역에서 탄소 추적 시스템을 운영 할 수 있음을 확인할 수 있었다.

KEYWORDS

탄소추적시스템, 이산화탄소 흡수 및 배출원, 중남미 및 카리브. 생물권, 화석연료, 산불

01 서론

탄소 추적시스템(Carbon Tracker)은 시간에 따라 지표면에서 탄소의 흡수량과 배출량을 계산하는 시스템이다. 추적시스템에서 대기 중 CO_2 농도는 지표면에서 모든 탄소 교환 과정, 즉 인위적 활동과 자연적 영향을 반영하여 나타난다. 탄소 추적시스템은 지구 규모 탄소 순환과 탄소 관리 정책을 이해하기 위해 NOAA ESRL(National Oceanic & Atmospheric Administration, earth System Research Laboratory)에 의해 개발된 최신 과학 도구로, 국제적 협력에 의한 결과이다. 탄소추적시스템은 일기예보 자료를 기반으로 육지와 해양 간 탄소 순환과정을 모사하는 대표적인 대기 수송 모델이다. 또한 지표 생물권에서 광합성과 호흡 과정, 산불과 화석연료의 연소과정에서 탄소 배출과정 등을 고려

<그림 1> 탄소 추적 시스템 구성의 개념도(NIMR, 2009)

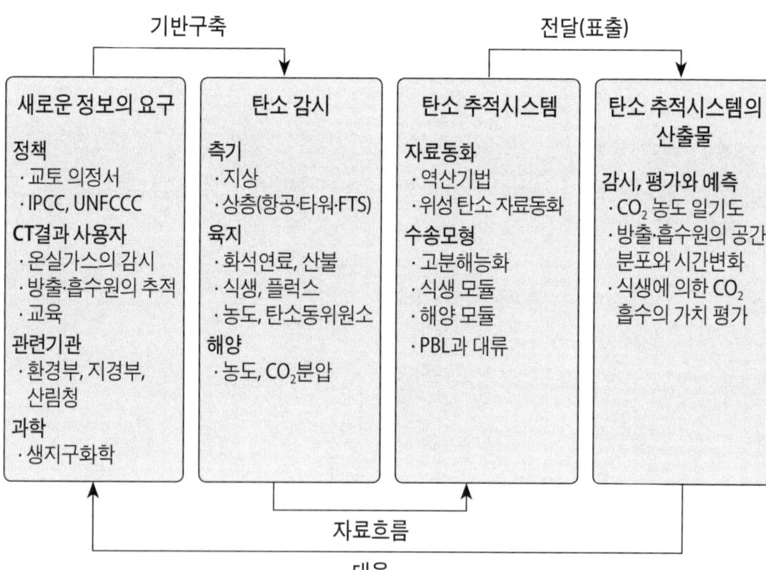

한다. 탄소 순환은 다양한 탄소 저장고 - 육지 생물권(식물, 토양의 유기물), 해양(탄소 분해), 대기 중 탄소, 화석연료- 사이의 교환을 나타낸다. 현재 ESRL에서 사용하고 있는 탄소 추적 시스템은 대기와 탄소 저장고 사이에 탄소 교환 과정을 가장 잘 표현하는 최고의 지식 정보 도구이다(NOAA/ESRL, 2013).

인간 활동에 의한 탄소 배출의 증가가 기후 변화를 일으키고 이로 인해 생태계와 인간에 나쁜 영향을 미친다. 이 영향에 대해 완화와 적응시키는 정책을 수립하는데 있어 탄소 순환의 이해가 필요하다. 탄소순환은 여러 탄소 저장소간의 교환을 의미한다. 육상 생물권, 해양, 대기, 화석연료 등에서 탄소 순환은 여러 시공간 규모에서 일어나므로 정확하게 측정하는 것이 불가능하다. 그러므로 대기·육상·해양에서 탄소 상태의 한정된 정보를 종합하는 시스템을 통해 이 순환을 추론할 수 있어야 한다. 이를 위해서는 첫 번째로 측정된 대기 CO_2 농도의 시공간 분포 안에는 탄소 저장소의 순환 정보가 포함되어 있어야 하며, 두 번째로 측정 자료와 일치하는 물리·생 지구 화학 과정을 통합 처리할 수 있는 시스템이 개발되어야 한다(그림 1).

과학적 도구로서 탄소 추적 시스템은 CO_2의 전 지구 분포와 시간 변화의 장기 감시와 함께 전 지구 탄소 순환과 이것이 기후에 미치는 영향을 분석할 수 있다. 그리고 기후 변화에 따른 대기 CO_2의 증가와 환경 변화에 관련하여 육상 생태계와 해양의 CO_2 흡수와 배출에 대한 이해를 증진시킬 수 있다. 전 지구 생태계와 인류의 안전은 지구시스템에 대한 새로운 지식을 확보함으로서 보증될 수 있다. 이 중 지구 온난화에 대응하기 위한 온실가스 농도의 저감 정책을 수행하는 국가의 능력은 이 정책을 수행하는 과정을 감시하고 무엇을 해야 하는지를 결정하는 능력에 달려 있다. 즉, 탄소 순환의 이해와 온실가스 저감 정책의 수립을 위해 CO_2가 언제 어디서 얼마나 어떻게 배출·흡수되는지를 정확하게 산출할 수 있어야 한다. 이 역할을 위해 과학 기반의 탄소추적시스템은 정책 지원의 도구가 될 수 있다(NOAA/ESRL, 2013).

남미 9개국에 걸쳐 있는 아마존 면적은 약 705만km²로 전 세계에서 가장 우거진 밀림 지대로 전 지구 산소 생산량의 절반 정도를 담당하는 지구의 허파에 해당하는 지역이다. 브라질에 속하는 아마존 유역은 약 414만km²로 브라질 전체 영토의 약 48% 차지하고 있으며, 브라질이 경제개발에 박차를 가한 1960년대 이후 2000년까지 아마존 밀림 중 약 78만km²가 사라진 것으로 나타났다. 이런 아마존의 밀림이 파괴된다는 것은 광합성을 통해 이산화탄소를 흡수하고 산소를 생산하는 대규모의 녹지대 파괴 등 토지 변경으로 결국 지구의 이산화탄소 및 메탄 농도가 증가한 다는 것을 의미한다. 이산화탄소 및 메탄 농도의 증가는 온난화를 촉진하기 때문에 아마존 개발은 지구 온난화를 심화시키는 결과를 낳게 된다. 남미 주요국인 브라질, 아르

<그림 2> 브라질, 아르헨티나, 칠레, 남극과 전 지구 이산화탄소 연평균 농도 차이

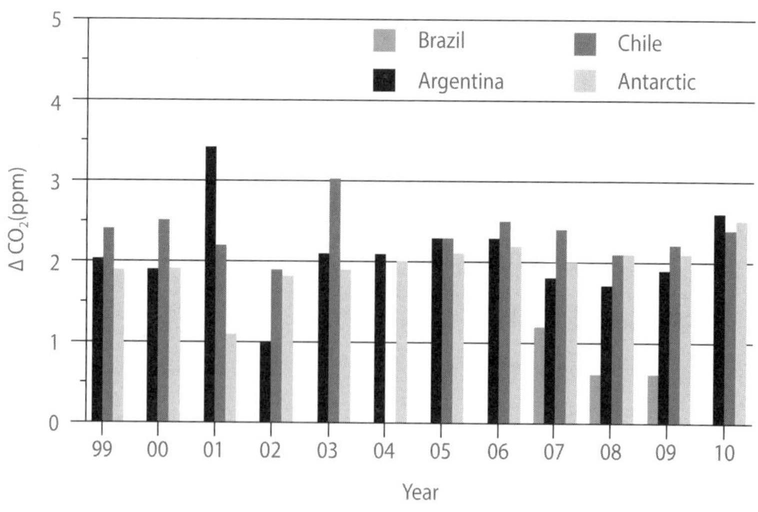

헨티나, 칠레에서 2009년도 인위적으로 배출된 이산화탄소량은 각각 105Mt, 53Mt, 20Mt 정도로 총 178MtC으로 전 지구 배출량(7,901 MtC)의 약 2%에 불과하나, 그림 2에 보여진 바와 같이 이산화탄소 농도는 각각 385.7ppm, 384.4ppm, 384.1ppm로 전 지구 평균농도인 386.3ppm에 근접하고 있다(Park et al., 2012).

현재 탄소 추적 시스템은 북미, 유럽, 아시아, 오세아니아 지역에서 운영 중이며, 아프리카와 중남미 및 카리브 지역에서는 운영되지 않고 있다. 중남미 및 카리브 지역에서 탄소 추적 시스템은 아마존 유역에서 생태계의 광합성(CO_2 흡수) 및 호흡(CO_2 배출) 작용, 산불과 화석연료 사용에 따른 탄소 배출에 따른 탄소 순환, 대기와 해양 사이 탄소 교환을 분석하는데 매우 중요한 역할을 할 수 있다(NOAA/ESRL, 2013, Denman et al., 2007). 본 연구에서는 중남미 및 카리브 지역에서 생태계, 해양, 산불, 그리고 화석연료 등에 의한 탄소 순환을 이해하기 위한 탄소 추적 시스템을 구축하는데 중점을 두고 있다.

<그림 3> Carbon Tracker 시스템 구성 요소(NOAA/ESRL, 2013)

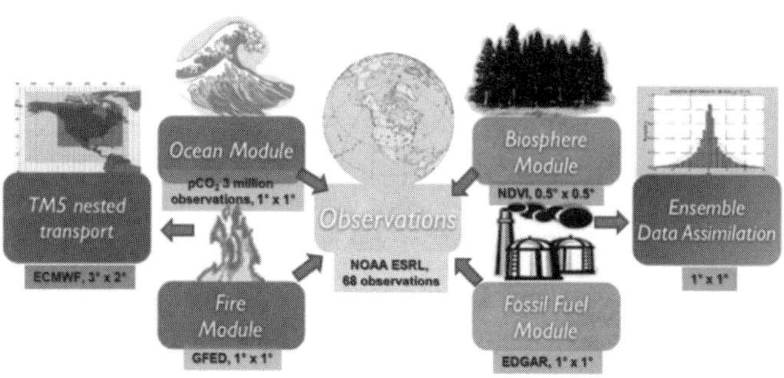

02 탄소 추적 시스템 개요

탄소 추적 시스템은 그림 3과 같이 7개의 모듈로 구성되어 있다.

1) 해양 모듈

해양은 탄소 순환에서 가장 긴 시간 규모의 흡수원이며 CO_2를 저장하고 재분배하는데 가장 큰 용량을 가지고 있다. 해양은 화석연료 연소로 발생한 CO_2의 약 48%를 흡수한다(Sabine et al., 2004). 산업혁명 이후, 화석연료 연소와 토지 변경에 의해 발생된 CO_2의 많은 부분이 해양에 의해 흡수되어 해양 산성화를 일으킨다. 해양은 일반적으로 CO_2 흡수원이지만, 국지적인 온도, 생물 활동, 풍속과 해류에 의해 해양으로부터 CO_2가 배출되기도 한다. 대기-해양 CO_2 교환은 대기 수송 모형의 풍속으로 산출된 가스 수송 속도와 해양 역산에서 추론된 대기-해양 간 CO_2 분압 차(pCO_2)를 이용하여 산출된다. 인간 활동에 의해 발생된 CO_2의 해양 흡수는 해양 탄소 모형으로부터의 추정 값과 일치하는 대기 CO_2 수준에 비례하여 증가된다고 가정한다.

2) 생물권 모듈

탄소 순환의 생물권 성분은 'biomass' 안에 저장된 모든 탄소로 구성된다. 이것에는 나무, 관목, 풀, 토양 안의 탄소, 죽은 나무, 그리고 낙엽을 포함한다. 이 저장된 탄소는 대기와 CO_2를 교환할 수 있다. 이 교환에서 나무의 성장 기간 동안 광합성으로 CO_2를 흡수하며 이 탄소의 대부분은 호흡을 통해 다시 대기로 배출된다. 이것에는 죽은 나무와 낙엽의 부패, 그리고 살아있는 식물의 신진 대사 호흡을 포함한다. 또한, 나무는 그 자체를 태울 때 탄소로 돌아갈 수 있다. 비록, 매년 흡수·배출되는 탄소의 합은 전체 탄소에 비해 적은 양(몇 Pg(1Pg=1,015g)이지만, 흡수·배출 각각의 탄소 흐름은 매년 120Pg 정도로 크다. 이는 탄소 순환의 순 수지(net balance)의 감시와 탄소 순환에 대한 물리적 기술(모형)이 필요한 이유이기도 하다. 이 기술을 통해 대기 플럭스 측정에서 쌍방향 흐름의 작은 순 합(전체적인 플럭스)을 알 수 있다. 탄소 추적시스템은 전구 플럭스를 산출하기 위해, Carnegie-Ames Stanford Approach(CASA) 생지화학 모형을 이용한다(Giglio et al., 2006).

3) 산불 모듈

산불은 탄소 순환의 중요 부분의 하나이다. 인류가 문명화되기 이전에도 농업을 위해 토지를 개간하는데 불을 사용해왔고, 대부분의 생태계는 자연 산불에 의해 오래된 숲에 활력을 주고 토양에 중요한 무기질을 공급한다. 불이 인간 제어나 자연 발화로 육상의 일부를 태울 때 발생하는 여러 종류의 가스들과 에어러졸 중CO_2가 가장 많은 양을 차지한다. 매년, 2Pg C 이상이 불에 의해 생물권에서 대기로 배출되며 이는 대부분 열대 지방에서 일어난다. 오늘날, 이러한 불의 대부분은 인간에 의해 일어나며, 이는 농업을 위해 육상을 개간하고 농작물의 성장기간 전 토양을 비옥하게 하기 위해서이다. 탄소 순환의 이러한 중요한 과정은 위성에서 대부분 감시되며, 정교한 'biomass burning' 모형들은 개별 산불에서 CO_2의 배출량을 산출하는데 이용된다. 이 산출 자료는 탄소 추적시스템에서 CO_2 배출을 추정하는데 이용될 수 있다. 현재 탄소추적시스템에서 사용되는 산불 모듈은 전 지구 산불 배출 데이터베이스(Global Fire Emissions Database, GFED)에 기반 한다(NOAA/ESRL, 2013).

4) 관측 모듈

이산화탄소 몰 비율 관측은 탄소순환이 규칙 또는 불규칙적인 변화 정보를 주는데, 규칙적인 변화의 예로는 계절변화에 따른 식생의 변화가 있고 불규칙한 변화의 예로는 산불에 의한 탄소 배출이 있다. 탄소추적시스템의 결과는 이러한 관측의 품질, 양, 위치에 직접적으로 의존한다. 탄소추적시스템은 NOAA ESRL 전 지구 협력 대기 측정망(Sampling), 그리고 CSIRO와 IPEN-CQMA의 대기 측정망에서 수집된 자료들을 이용한다(NOAA/ESRL, 2013).

5) 화석연료 모듈

인류는 토지 사용에 변화를 일으켜 탄소 순환에 처음으로 영향을 미쳤다. 초기 인류는 동물을 사육하고 농업을 위해 숲을 개간할 때 불을 사용했다. 지난 두세기에 걸쳐 산업과 기술 혁명 그리고 세계 인구가 증가함에 따라 화석 연료 연소가 CO_2의 가장 큰 인위적 요인이 되었다. 2007년에 전 세계적으로 화석연료 연소와 시멘트 공장에서 8.4Pg C가 배출되었다. 이는 1990년에 비해 36% 증가한 것이다. 에너지 전망에 의하면 전 세계적으로 2015년에 8.6Pg C 그리고 2030년에 10.7Pg C에 달할 것으로 예상하고 있다. 탄소 추적시스템에서 사용하는 화석연료 배출 인벤토리는 전 지구 전체와 공간적으로 분해된 인벤토리로부터 얻는다. 매년 전 지구 전체 화석 연료 CO_2 배출은 이산화탄소 정보와 분석 센터(Carbon Dioxide Information and Analysis

Center, CDIAC)에서 산출된 자료를 사용한다(Boden et al., 2011).

6) 수송 모듈

대기 CO_2 농도 관측과 지표 CO_2 교환 간의 연결은 대기 수송에 의해 이루어진다. 그 결과 국지 현상(산불, 산림 증가, 해양 용승)이 먼 곳까지 영향을 미칠 수 있다. CO_2는 하부 대기에서 감쇄하거나 재 반응하지 않으므로, 예를 들어 북미나 유럽에서의 배출·흡수의 영향이 남극에서도 확인될 수 있다. 수송모형의 선택은 CO_2 역산 모형화에서 매우 중요하다. 이는 산출된 플럭스가 연직과 수평 수송에 매우 민감하기 때문이다. 탄소추적시스템의 수송 모형인 TM5는 쌍방향(Two-Way) 둥지 격자로 구성된 전구 모형이므로 전 지구적인 수송과 특정 지역을 상세하게 나타낼 수 있다. 탄소 순환 연구에 이용되는 수송 모형의 중요한 전제 조건은 질량-보존이다. 대기 CO_2의 보존을 이용하여 대륙 간, 반구 간 그리고 특히, 년 변화와 같은 대규모 교환을 산출할 수 있다. TM5는 이류, 대류(깊은 대류와 얕은 대류), 그리고 경계층과 자유대기의 연직 확산으로 구성되며, 현재 약 25km의 수평 분해능을 가진 ECMWF 모형의 기상자료를 이용한다. ECMWF 기상장은 2006년 초부터 모델의 연직 해상도를 60층에서 91층으로 변경하였다(NOAA/ESRL, 2013, Krol et al., 2005).

7) 자료 동화

탄소추적시스템의 기본 원리는 일반적인 자료동화와 비슷하다. 자료동화는 시간에 따라 변하는 시스템 '상태'를 관측 자료로 제어하는 과정이다. 일반적으로 자료동화는 분석단계와 예측단계로 진행 된다. 분석 단계는 관측과 최적으로 일치하는 시스템의 상태를 산출한다. 반면, 예측단계는 최적 상태에서 예측하는 것을 의미한다. 이 때 예측 상태는 다음 분석 단계에서 초기 추정 값 또는 "배경"(background)으로 상용된다. "배경"이란 용어의 사용은 대부분 CO_2와 연관된 역분석 모델링 연구에서 "선행"(prior)의 사용과 비슷하다. "선행"이란 의미는 역 분석(inverse) 전에 미리 준비된 플럭스로서 고정된 반면, "배경" 플럭스는 동화과정에서 산출되므로 앞서 분석 사이클에서 얻은 정보를 포함한다.

$$F(x, y, t) = \lambda \cdot F_{bio}(x, y, t) + \lambda \cdot F_{oce}(x, y, t) + F_{ff}(x, y, t) + F_{fire}(x, y, t)$$

여기서 λ, F_{bio}, F_{oce}, F_{ff} 그리고 F_{fire}는 각각 선형규모요소, 생물권, 해양, 화석연료 그리고 산불에서 탄소 배출량을 나타낸다(NOAA/ESRL, 2013).

8) 작동원리

탄소 추적 시스템은 대기 CO_2 농도를 모사하는 대기 수송 모형과 관측에 잘 일치하는 플럭스를 조절하는 역산(inverse) 모형으로 구성된다(NOAA/ESRL, 2013). 이 시스템은 CO_2 배출·흡수원의 초기 추정 플럭스의 준비로부터 시작되는데 이는 육상 광합성(CO_2 흡수원)과 호흡(CO_2 배출원)에 대한 모형, 대기와 해양간의 CO_2 교환 모형, 그리고 화석 연료와 산불에 대한 CO_2 배출 인벤토리로 구성된다(1단계). 산출된 초기 플럭스를 대기 수송 모형에 입력하여 대기 농도를 모사한다(2단계). 관측 위치와 시각에서 모사된 값을 추출한 후, 그 CO_2 농도를 관측농도와 비교한다(3단계). 농도 차는 모사와 관측의 배출·흡수량의 차이 때문에 발생한다. 그러므로 모사된 농도와 관측 농도간의 차이를 최소화하기 위하여, 역산 기법을 이용하여 식생과 해양의 플럭스를 최적화한다. 이 플럭스가 우리가 알고자 하는 CO_2 농도의 강제력이다. 따라서 추적 시스템은 대기 CO_2 농도를 예측하기 위해서가 아니라 지표 CO_2 교환들을 재 산출하는데 이용된다(4단계). 최적화한 플럭스로 대기 수송 모형을 수행하여 3차원 농도 분포를 산출한다(5단계).

$$\frac{\partial}{\partial t}(\rho CO_2) = -\nabla \cdot (\rho CO_2 \vec{V}) + PBL + Convection + Sc$$

Measured CO_2 concentration & Known Transport

Solve for sources & sinks

Inverse method

03 결과

1) 순 탄소 배출량

중남미 및 카리브 지역에서 2000년부터 2009년 까지 10년 동안

<그림 4> 중남미 카리브(좌) 및 멕시코(우)에서 연 평균 이산화탄소 배출량

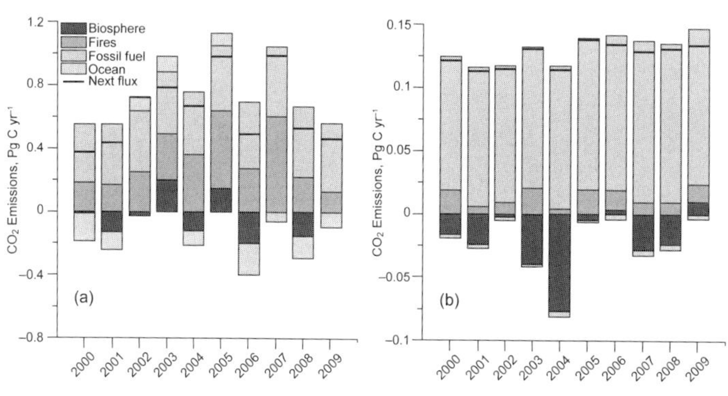

<표 1> 연평균 및 장기간 동안(2000-2009) 분야별 탄소 배출량(Pg C/yr)

Year	Biosphere	Fossil Fuel	Fires	Ocean	Net
2000	-0.012[1)]	0.371	0.181	-0.175	0.378
	-0.016[2)]	0.105	0.019	-0.002	0.121
2001	-0.128	0.386	0.167	-0.112	0.441
	-0.024	0.110	0.005	-0.002	0.113
2002	-0.024	0.385	0.252	0.083	0.719
	-0.003	0.108	0.009	-0.002	0.115
2003	0.199	0.391	0.293	0.097	0.782
	-0.040	0.112	0.020	-0.001	0.131
2004	-0.123	0.400	0.358	-0.088	0.670
	-0.077	0.113	0.004	-0.004	0.113
2005	0.146	0.413	0.495	0.073	0.981
	-0.005	0.120	0.019	-0.001	0.138
2006	-0.203	0.424	0.270	-0.198	0.496
	0.003	0.123	0.016	-0.004	0.134
2007	0.000	0.442	0.606	-0.056	0.991
	-0.028	0.127	0.010	-0.004	0.133
2008	-0.157	0.448	0.220	-0.135	0.533
	-0.024	0.126	0.010	-0.004	0.131
2009	0.004	0.436	0.122	-0.097	0.462
	0.010	0.123	0.014	-0.003	0.133
mean	-0.03	0.41	0.296	-0.061	0.645
	-0.02	0.117	0.013	-0.003	0.126

자료 : 1) 중남미 및 지중해
2) 멕시코

지표생태계에 의해 흡수된 평균치는 0.03Pg C/yr이였다. 이 흡수량은 화석연료 사용에 의한 배출량(0.41Pg C/yr)의 약 7%를 상쇄하였다. 화석연료에 의한 탄소 배출량은 10년 동안 큰 변동을 보이지 않으나, 지표 생태계에 의한 흡수량은 큰 규모의 기온과 강수량의 변동에 크게 의존하였다(NOAA/ESRL, 2013). 흡수량은 엘니뇨 현상이 발생한

2003년에 0.199Pg C/yr 로 가장 적었으며, 가장 많은 흡수량은 2006년 0.203Pg C/yr 으로 평균치 보다 7배 높았다. 화석연료에 의한 배출량은 경제 침체로 2009년에 약간 감소하였다. 따라서 2009년 순배출량은 평균 배출량(0.65Pg C/yr)보다 29% 적은 0.46Pg C/yr 이였다. 멕시코에서 탄소 배출량 추이는 중남미 및 카리브 지역과 유사하였으나, 중남미 및 카리브 배출량의 1/5의 수준이었다. 중남미 및 카리브 지역과 멕시코에서 평균 순 탄소 배출량은 북미 배출량(1.34Pg C/yr)의 48% 및 9%에 해당하였다(표 1, 그림 4).

2) 생태계에 의한 탄소 공간 분포

생태계에 의한 탄소 흡수는 대서양에 인접한 산림 지역, 브라질의 농경 및 숲 지역, 멕시코 만의 산림 지역, 페루의 태평양을 따른 안데스 산맥 지역 등에서 현저하게 발생하였다. 반면 탄소 배출은 아마존 유역을 따른 산림 벌채 지역, 적도 지역, 과테말라와 멕시코 접경 지역, 볼리비아 Mamore 강 유역의 토지 이용 지역에서 높게 나타났다(그림 5).

3) 화석연료에 의한 탄소 공간 분포

탄소 배출은 멕시코시티, 멕시코와 과테말라 접경 지역, 베네주엘라 북쪽 도시 지역, 아마존 유역 벌채 지역, 볼리비아 북서 지역, 브라질 대서양을 따른 Parana 지역 및 Sao Paulo 연안 지역, 칠레 Santiago 지역, 아르헨티나 Buenos Aires 지역 등에서 높게 나타났다(그림 6).

<그림 5> 중남미 카리브(a) 및 멕시코(b) 지역에서 생태계 평균 배출량
(2000-2009, 단위 : Gg C/yr)

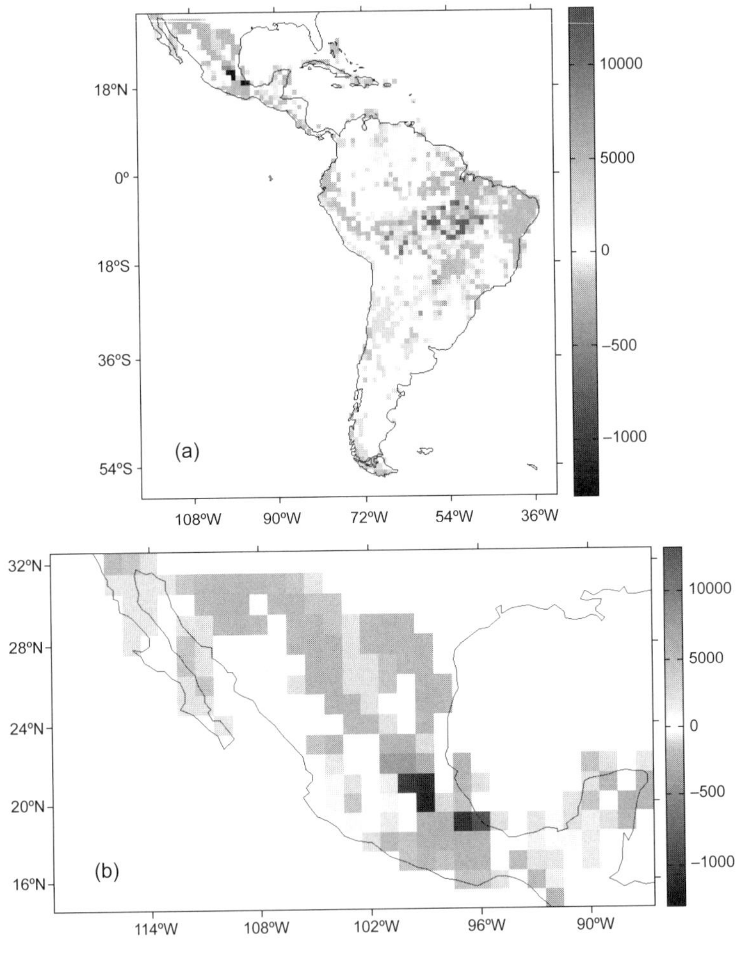

<그림 6> 중남미 카리브(a) 및 멕시코(b) 지역에서 화석연료 평균 배출량 (2000-2009, 단위 : Gg C/yr)

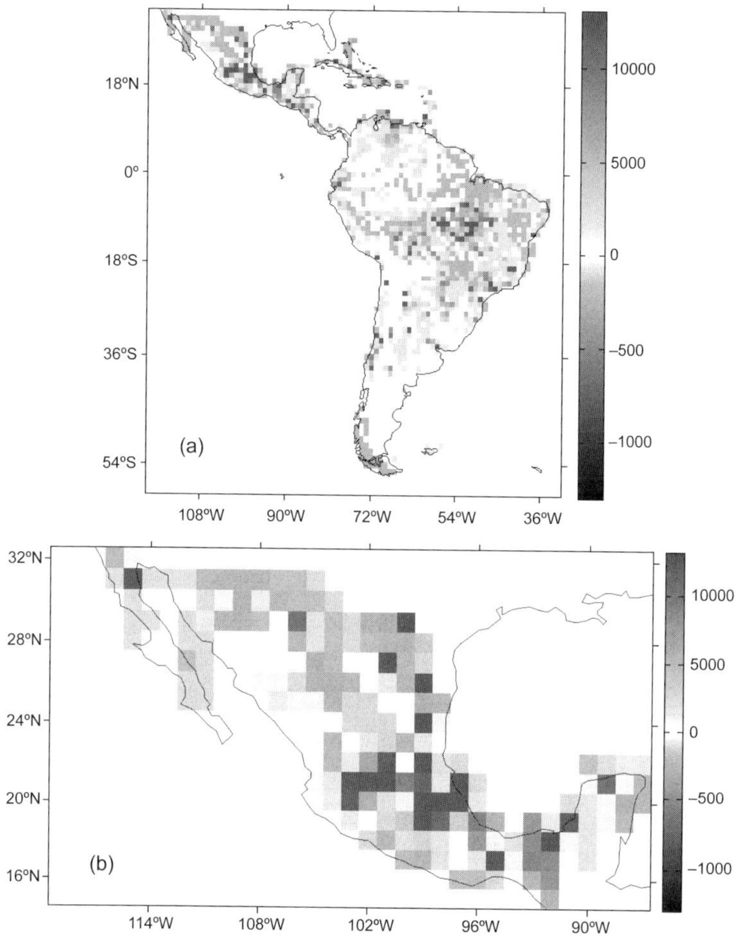

4) 탄소 구역별 분포

8개 구역별(Zonal) 탄소 분포에서는 해양 지역을 제외하고 산불이 중남미 및 카리브의 주요 탄소 배출원임을 알 수 있었다. 특히 브라질, 파라과이, 우루과이를 통과는 남미 내륙 지역에서 현저하게 나타났다(그림 7).

<그림 7> 중남미 카리브지역에서 구역별 탄소 배출량
(2000-2009, 단위 : Gg C/yr)

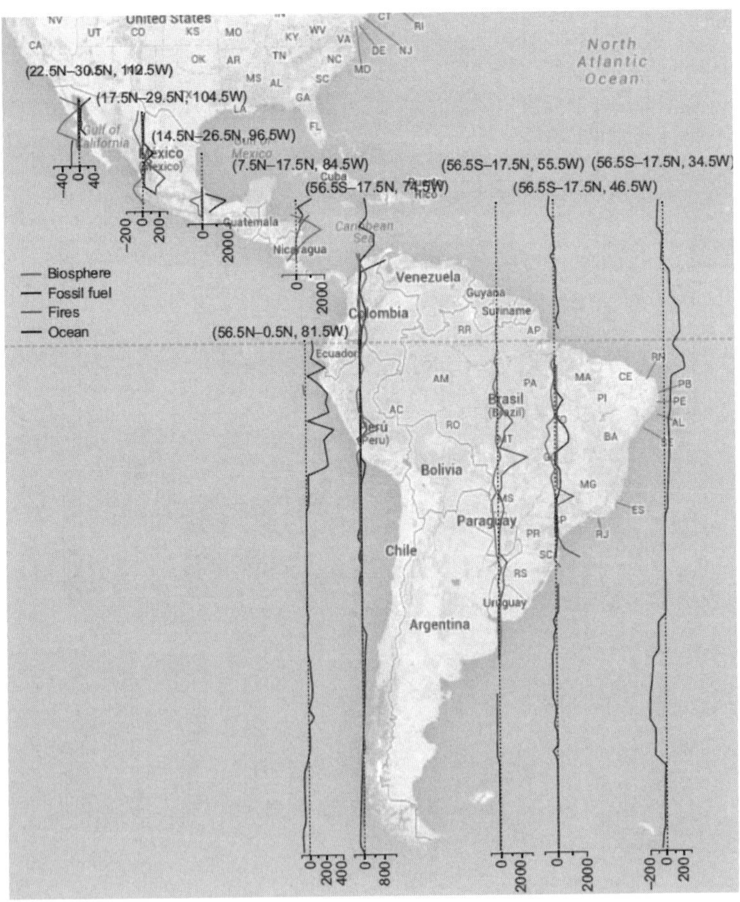

04 결론

중남미 및 카리브 지역에서 2000년부터 2009년 까지 10년 동안 생물권, 화석연료, 산불, 해양 분야에서 평균 탄소 배출량은 각각 -0.03, 0.41, 0.296, -0.061Pg C/yr 이였으며, 멕시코에서는 -0.02, 0.117, 0.013, -0.003Pg C/yr 로 나타났다. 생물권, 화석연료, 해양 분야에서 중남미 및 카리브 지역 배출량은 북미 지역의 43, 23, 13%에 해당하였고, 멕시코 지역에서는 29, 6, 0.6%를 차지하였다. 산불의 경우에는 중남미 및 카리브 지역에서 배출량이 북미 보다 30배 이상 많았으며, 산불이 중남미 및 카리브 지역에서 주요 배출원임을 알 수 있었다. 중남미 및 카리브, 멕시코 지역에서 10년 동안 평균 총 탄소 배출량은 각각 북미 배출량(1.34Pg C/yr)의 48, 9%에 해당 되었다. 본 연구를 통해 중남미 및 카리브 지역에서 탄소 추적 시스템을 운영 할 수 있음을 확인할 수 있었다.

참고문헌

Boden T.A., G. Marland and R.J. Andres, 2011. Global, Regional, and National Fossil-Fuel CO_2Emissions, Carbon Dioxide Information Analysis Center, Oak Ridge National Laboratory, U.S. Department of Energy, Oak Ridge, Tenn., U.S.A. doi 10.3334/CDIAC/00001_V2011.

Giglio L., G. R. van der Werf, J. T. Randerson, G. J. Collatz, and P. Kasibhatla, 2006. Global estimation of burned area using MODIS active fire observations. Atmos. Chem. Phys. 6, 957-974.

Krol M., S. Houweling, B. Bregman, M. van den Broek, A. Segers, P. van Velthoven, W. Peters, F. Dentener, and P. Bergamaschi, 2005. The two-way nested global chemistry-transport zoom model TM5: algorithm and applications, Atmos. Chem. Phys. 5, 417-432.

NIMR(National Institute of Meteorological Research), 2009. Development and Application of Methodology for Climate Change Prediction(Ⅳ). Korea Meteorological Administration. 695 pp.

NOAA/ESRL, 2013. [Available at: http://www.esrl.noaa.gov/gmd/ccgg/carbontracker/]

Olivas R., 2010. Latin American Policy Changes: Investing in Renewable Energy, Climate Change and Clean Technology, July 13th, Emerging Energy & Environment(EEE), LLC, [Available at: http://lavca.org/2010/07/13/ latin-american-policy-changes-investing-in-renewable-energy-climate-change-and-clean-technology/]

Park I. S., Y. W. Jang, Y. J. Choi, E. J. Lee, G. W. Lee, 2012. The Analyses for Variation Trend of Greenhouse Gases Concentrations in South America : Focus on CO_2 and CH4. Korean Association of Luso-Brazilian Studies 9, 30-47.

Sabine C. L., R. A. Feely, N. Gruber, R. M. Key, K. Lee, J. L. Bullister, R. Wanninkhof, C. S. Wong, D. W. R. Wallace, B. Tilbrook, F. J. Millero, T. H. Peng, A. Kozyr, T. Ono, and Rios A. F., 2004. The oceanic sink for anthropogenic CO_2, Science 305, 367-371.

칠레 대기환경 감시시스템 개선 방안에 관한 고찰

In -depth Review for Improvement Plan of Air Pollution Monitoring System in Chile

An air quality monitoring network in Chile including the northern, central and southern areas of Chile has been in operation since 1994. The network has 210 monitoring stations in both metropolitan and rural areas throughout Chile. Concentrations of ten air pollutants(PM, SO_2, NO_x, CO, CH_4, O_3), heavy metals, and hydrocarbons are measured. The Chilean Ministry of Environment has started a comprehensive effort focused on the stable operation and improvement of the national air quality monitoring system(Sistema de Informacion Nacional de Calidad del Aire, SINCA) with a special focus on metropolitan areas since 2012. Real-time data are available on the Web site of the Ministry of Environment where air quality conditions are ranked among five categories as good, common, bad, serious, and very serious.

At present, various national air quality monitoring systems in Chile are independent regarding installation and operation. QA/QC systems and data management systems are individualized depending on the regional government and private operation institutions. In order to achieve a systematic approach to managing the overall system, a more standardized has been established and implemented by each region. It is desirable that the monitoring stations use standard QA/QC procedures and implement standard approaches to quality assurance and verification. The air quality monitoring station in Santiago(Red de Monitoreo de Contaminantes Atmosfericos, MACAM) should be designed by the national standard monitoring center. For the mid-to-long term, the basic guiding principles for the operation of SINCA should be shifted to management by the Ministry of Environment and an improved system for data management in the regional and private monitoring stations should be implemented. It is recommended that the techniques used in the national air quality monitoring information system(NAMIS) operated by the Korea Environment Corporation be shared with the SINCA network in Chile. This would offer the benefits of standard operating procedures(data communication protocols, QA/QC procedures, and training in technology, analyses and data collection) in the Chilean monitoring networks.

KEYWORDS

SINCA, MACAM, NAMIS, QA/QC, Korea Environment Corporation

요 약

칠레의 대기환경 감시망은 지역 특성에 따라 북부지역, 중부지역, 그리고 남부지역으로 관리되고 있다. 전국 15개 지역과 수도권 지역에서는 210개의 대기오염 측정소가 구축되어 있으며, 일반대기오염물질(PM, SO_2, NO_x, CO, CH_4, O_3)과 중금속 및 휘발성 유기오염물질 등 10개 항목이 측정되고 있다. 칠레 환경부는 2012년 4월부터 본격적인 대기환경 측정망관리운영의 업무에 착수 하였으며 특히 수도권을 중심으로 한 대기환경 감시시스템(SINCA)의 안정적인 운영과 개선에 중점을 두고 있다. 산티아고에서 측정 자료는 실시간 환경부 웹사이트를 통해 실시간 공개되고 있으며, 적절, 보통, 나쁨, 심각, 아주 심각 등 5단계로 대기오염 상태를 발표하고 있다.

칠레에서 현재 운영 중인 국가 대기환경 감시망은 설치 주체 및 운영주체가 개별화 되어 있으며 정도관리 및 자료관리 체계도 지역별 내지 사설운영 기관에 따라 개별화 되어 있다. 체계적인 관리제도와 시스템을 구축하기 위하여 단계별로 합리적인 개선 방안이 마련되어야 한다. 단기 개선 개획으로는 산티아고 대기측정망(MACAM) 네트워크를 국가 표준 측정망으로 설정하고 이에 대한 정도관리 표준절차, 측정기 정도검사, 자료 검증방법 등의 표준 수행 방안을 작성하여 각 지역별, 측정망별로 관리 및 개선 방안을 수립하고 시행하여야 하겠다. 중장기 개선 계획으로는 현재 국가 대기환경 감시측정망의 운영 기본지침이 보건부를 중심으로 구성되어 있으나 이를 환경부 중심의 관리체제로 전환하고 지역 및 사설측정망의 측정 정도관리와 자료의 취합·품질관리 등을 총괄할 수 있는 제도 개선이 필요하다.

우리나라의 집약된 대기환경 감시 시스템과 정도 관리 프로그램을 칠레에 기술 이전하여 효과적이고 경제적인 국가 대기환경 관리를 위한 실시간 감시 체계와 정도관리의 표준 운영체계가 구축될 수 있도록 협력체계를 구축해야 하겠다. 이를 위해 한국환경공단에서 운영하고 있는 국가 대기환경 감시 및 정보 시스템(NAMIS)의 운영 기술을 전수하고 운영관리의 축척된 기술 지원이 이루어져야 한다. 또한 우리나라의 표준운영체계를 바탕으로 칠레 현지 프로그램의 개발을 통하여 맞춤형 표준운영(표준 통신프로토콜 개발, 표준 정도관리 프로그램 개발, 기술 교육 및 자료관리 및 분석 등)체계를 수립할 수 있도록 지원해야 한다.

KEYWORDS

칠레 국가 대기환경정보 시스템, 산티아고 대기환경 감시망, 한국 국가 대기환경 감시 및 정보 시스템, 정도관리, 한국환경공단

01 서론

중남미 국가 중에서 칠레는 지속적으로 경제 발전을 이룩하여 안정적으로 성장하고 있으며 환경에 대한 관심과 투자가 많이 이루어지고 있는 나라이다. 2010년에 환경부(Ministerio del Medio Ambiente, MMA)의 창설을 통하여 국가 환경관리를 위한 노력을 기울이고 있으며 특히 대기환경 관리를 위한 중요성이 부각되고 있다.

칠레에서 대기환경 감시를 위한 측정망은 1994경부터 대도시를 중심으로 구축되어 왔으며 현재 210개 구성되어 있다. 이중 약 180개 측정소의 자료가 취합 관리되고 있으며 향후 점차 확대될 것으로 예상되고 있다. 현재 칠레에서 운영 중인 국가 대기환경정보시스템(Sistema de Informacion Nacional de Calidad del Aire, SINCA)은 3개의 주요네트워크(Red de Monitoreo de Contaminantes Atmosfericos, MACAM, Sistema del Vigilancia de la Calidad del Aire, SIVICA, Secretario Regional Ministerial, SEREMI)와 사설측정소로 구성되어 있다. 칠레 환경부는 2012년 4월부터 본격적으로 대기환경 측정망 관리운영의 업무에 착수 하였으며 특히 수도를 중심으로 한 대기환경 감시네트워크인 MACAM의 안정적인 운영과 개선에 중점을 두고 있다(KEI, 2013; SINCA, 2013).

칠레의 수도인 산티아고를 중심으로 한 수도권지역의 대기오염도는 선진국의 주요도시에 비해 높은 수준을 보이고 있다. 칠레 북부지역에는 주요 수출 상품인 구리제련소와 발전소에서 나오는 배출가스로 인하여 대기오염이 발생되고 있다. 남부지역의 경우는 가정용 화목난로의 사용으로 인하여 대기오염이 심각한 상태이다(KEITI, 2012). 산티아고 지역은 안데스 산맥으로 둘러싸여 있는 분지형태로 북쪽은 Chacabuco 산맥, 남쪽은 Angostura 및 Chada 봉으로 3,200미터가 넘는 산들과 서쪽으로는 2,000m가 넘는 연안 산맥(Roble Alto산)으로 에워 쌓여 있다. 따라서 바람의 순환 운동은 매우 약하고 분지 내부로 새로운 공기의 유입이 차단 및 방해되고 있다. 특히, 대기가 안정한 가을과 겨울철에는 대기오염물질로 인한 오염이 심각한 수준에 이르고 있다. 반면, 여름철에는 대류 순환 운동이 활발하나 질소 화합물과 유기 화합물의 많은 배출량과 일사량의 증가로 인해 지표면 대기에서 오존과 광화학 물질의 농도가 높게 발생되고 있다(KEI, 2013).

산티아고 지역에서 대기환경 측정소는 지역대기, 도로변, 그리고 산업지역에 설치되어 대기오염을 관측하고 있다. 측정소는 1997년에서 2008년 사이에 구축된 것으로 파악되며 SO_2, NO_x, CO, O_3, CH_4, 등 10개 항목이 측정되고 있다. 특히 각 측정소에서는 PM10, PM2.5를 측정하고 있으며 탄화수소류 측정을 위한 HCNM(Non-Hydro carbon)과 Carbon 측정을 위한 측정 장비도 구성되어 있다(KEI, 2013; Ana and Laura, 2010). 산티아고의 대기오염을 개선하기 위하여 1998년에 산티아고 대기오염 예방 및 방지계획(Plan de Prevención y Descontaminación Atmosférica de la Región Metropolitana, PPDA)을 발표하여 100개 과제를 수행 중에 있으며(REPÚUBLICA DE CHILE Ministerio Secretaríia General de la Presidencia De la Repúublica, 2008; Jeremy, 2008), 이러한 대기오염의 개선은 국민의 건강과 삶의 질 그리고 사회적 환경 인식 증가 등 환경 정보화 서비스를 요구하고 있다.

대기환경 현황을 파악하고 진단하기 위한 국가 대기환경 감시체계를 구축하고 개선하는 것이 환경부의 주요한 현안 과제이다. 특히 환경 분야에서는 IT를 기반으로 한 정보체계화를 통해 환경정책의 과학화, 선진화에 대한 요구가 증가하는 추세이다. 이러한 요구에 부응하기 위해 각 개별시스템을 통합하여 모든 측정소의 정보 현황을 종합적으로 관리할 수 있는 국가 대기환경 정보관리시스템이 절실한 것으로 판단되고 있다(KEI, 2013).

본 연구의 목적은 칠레에서 운영되고 있는 대기환경 감시시스템의 현황을 파악하여 개선 방안 및 우리나라와 협력 방안을 제안하고자 한다. 이를 통해 칠레 국토 전반에서 발생하고 있는 고농도 대기오염 문제를 해결하기 위해 우리나라 대기환경산업체의 진출기반을 위한 기본 자료와 정보를 제공하고자 하며, 우리나라와 칠레 양국 간 환경 산업기술의 협력 체계를 구축하는 방안을 모색하는데 기여하고자 한다.

02 대기환경 감시 시스템 현황

1) 감시망 구축

칠레는 남북으로 길게 늘어져 경제 산업, 에너지이용, 생태환경조건 등에 있어서 커다란 차이가 있다. 이에 따라 대기환경관리 정책도 그 차이를 고려하여 도입되어 운영되고 있다. 칠레의 대기오염원을 살펴보면 북부지역, 중부지역, 그리고 남부지역 등 지역 간에 상당한 차이를 보이고 있다(그림 1). 북부지역은 다수의 구리제련소와 이를 지원하기 위한 화석연료 발전소 때문에 산업도시형 대기오염이 심각하다. 중부지역은 산티아고 등 대도시에서 자동차의 운행에 따른 대기오염 문제가 심각하다. 남부지역은 목재를 연료로 사용하여서 심각한 대기오염 문제를 초래하고 있다(KEITI, 2012).

2012년 이전에는 전국 15개 지역 대기측정망의 업무는 보건부에서 총괄 관할하였으며 이들 지역보건부(SEREMI)에서 각 측정소의 측정 자료를 취합하여 자동 및 수동전송 방식으로 자료를 전송하였다.

<그림 1> 칠레 전국 대기환경 측정망 관리 구역

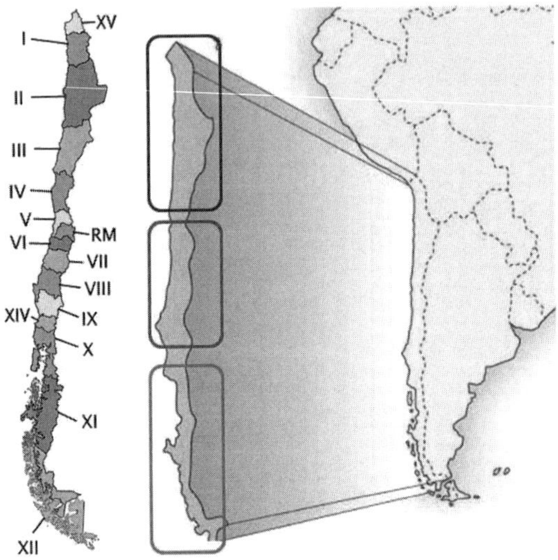

이후 2012년 4월부터 중부지역 산티아고시의 측정망은 환경부에서 이관 받아 운영하고 있으며 대기측정망 운영분야 신규업무 확대에 따라 기존의 산티아고 11개 측정소에 대한 운영 평가 및 인력 그리고 정도관리에 대한 기술력 검증이 주요 현안사항으로 추진되고 있다. 측정망운영에 관한 사항은 규정에 따라 운영되고 있으며, 이 규정에 따르면 칠레의 대기 질 기본 표준의 준수 여부에 대한 확인 사항은 보건부당국(Servicio de Salud Metropolitano de Ambiente, SESMA)을 통하여 조사하도록 되어있다. 대기 질 기본 표준의 준수 여부를 확인하기 위하여 대기 질 감시측정소가 지켜야할 최소한의 특성 및 조건에 대하여 필요한 사항을 규정하고 있다. 측정치의 산정은 5분 자료 값을 기준으로 12개 값으로 시간평균을 구하고 있으며, 다만 미세먼지의 경우에는 15분 데이터 평균값으로 시간평균을 구하고 있다. 측정기기의 사용은 미국 환경청에 제시된 방법, 유럽공동체 회원국의 환경청 유럽위원회의 및 정부의 인증을 받은 공인기관의 지침서를 따르고 있

다. 가스분석기, 미세먼지 시료 및 가스교정시스템 등은 최소 1년에 1번 점검을 실시하며 필요한 경우 장비 부품을 교체하고 있다. 기상 측기는 1년 마다 교정을 실시한다. 측정 자료는 최종보고 월의 마지막 일로부터 40일 이전에 교정보건당국에 제출한다(KEI, 2013).

수도권 지역 및 전국 15개 지역에는 210개의 대기오염 측정소가 구축되어 있으며, 일반대기오염물질(PM, SO_2, NOx, CO, O_3)과 중금속 및 휘발성 유기오염물질 등을 측정하고 있다. 측정항목 중 가장 많이 배치된 장비는 PM-10, SO_2, NO_x 순으로서 현재 칠레에서 가장 관심을 두고 대기오염물질 현황을 파악하고자 하는 측정항목이라 볼 수 있다.

2) 감시망 운영

대기환경관리를 위하여 측정망은 자동 측정 장비를 통한 연속감시와 시료채취방법에 의한 비연속시 감시 시스템으로 운영되고 있다. 전국 15개의 행정구역 중 13개 행정지역에서 210개의 측정소가 설치되어 운영되고 있다. 이중 약 180개 정도에서 자동 측정 장비로 운영되고 있다. 지역 보건부인 SEREMI에서 가장 많은 42개의 측정소를 운영관리 하고 있으며 전국 대기오염 측정소를 관공서(7개)와 사설기관(22개)에서 운영, 관리함에 따라 통일된 표준체계의 정도 관리가 필요하며 측정 자료의 신뢰성을 확보하는 것이 현안 과제라 할 수 있다. 전국의 측정소는 지역 특성에 맞추어 측정항목을 선정하고 있으며 전국적으로 먼지에 대한 오염이 가장 심하게 나타나고 있어 구축된 측정 장비 중 가장 많은 비중을 차지하는 것이 먼지 측정 장비이다. 여름철 오존의 영향을 평가하기 위한 O_3 측정 장비도 구성비가 높은 편이다. 또한 배출원의 영향을 파악하기 위한 SO_2도 주요한 측정항목으로 구성되어 있으며 지역적으로 일반항목 중 SO_2 만을 측정

<그림 2> 산티아고에 운영 중인 측정소의 설치 구조 및 장비

(a) 측정소 정면

(b)측정소 측면

(c) 측정기기 정면

(d) 무정전 전원 장치

하는 측정소가 49개 이르고 있다. 관공서 및 사설업체를 포함하여 약 29개 업체가 측정망의 운영을 담당하고 있다. 따라서 측정소에 대한 정도관리 및 운영을 위한 프로그램이 통일화 되어 있지 않음에 따라 자료의 생산 및 관리가 체계적으로 이루어지지 못하고 있는 실정이다(KEI, 2013).

산티아고에 구축된 11개 측정소는 지역대기/도로변, 지역대기/산업지역에 구성되어 대기오염을 측정하고 있다. 측정소는 1997년에서 2008년 사이에 구축된 것으로 파악되며 측정소에서는 SO_2, NOx, CO, O_3, CH_4, 등 10개 항목이 측정되고 있다. 특히 각 측정소에서는 PM10, PM2.5 등 미세먼지를 측정하고 있으며 탄화수소류 관측을 위한 HCNM(Non-Hydro carbon)과 Carbon 측정을 위한 측정 장비도 구성되어 있다. 또한 기상 측정 장비도 운영되고 있다. 산티아고에 운영 중인 측정소의 설치 구조 및 장비에 대한 사례는 아래 그림 2와 같다. 산티아고에서 운영 중인 11개 측정소중 5개 측정소의 검사결과 측정장비의 운영 상태는 양호한 상태이나 측정소 운영을 위한 표준체계가 구성되어 있지 않아 데이터 신뢰도에 대한 문제점이 확인되었다 (KEI, 2013).

3) 감시망 네트워크

칠레에서 대기환경 관리를 위한 측정망은 1994경부터 대도시를 중심으로 구축되어 실시하여 왔으며 현재 210개로 구성되어 있다. 이중 약 180개 측정소의 자료가 취합 관리되고 있으며 향후 점차 확대될 것으로 예상되고 있다. 현재 칠레에서 운영 중인 주요 국가 대기환경 감시시스템(Sistema de Informacion Nacional de Calidad del Aire, SINCA)은 3개의 주요 네트워크인 MACAM(Red de Monitoreo de

<그림 3> 칠레 주요 대기환경 감시 네트워크 현황

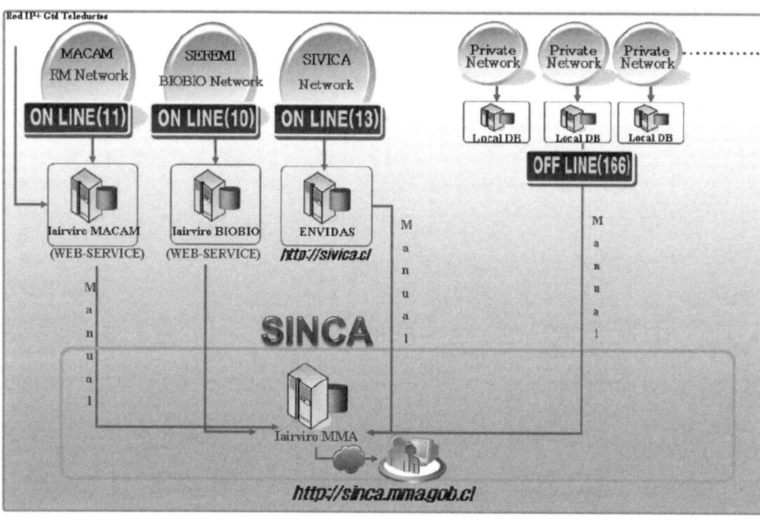

Contaminantes Atmosfericos), SIVICA(Sistema del Vigilancia de la Calidad del Aire), SEREMI(Secretario Regional Ministerial)와 사설측정소로 구성되어 있다(그림 3). 칠레 환경부는 2012년 4월부터 본격적인 대기환경 측정망관리운영의 업무에 착수 하였으며 특히 수도권을 중심으로 한 대기환경 관리네트워크인 MACAM의 안정적인 운영과 개선에 중점을 두고 있다(KEI, 2013; SINCA, 2013).

SINCA는 대기환경 전반에 대한 정보시스템을 총괄하고 있으며 대기환경 감시망 정보를 공개하는 데이터베이스 시스템이다. MACAM은 산티아고 대기오염관리를 위한 네트워크로 대기환경정보를 실시간으로 제공하는 사이트를 운영하고 있다. SIVICA는 칠레 중부 및 남부의 주요도시에 대한 입자상 물질 측정을 위한 네트워크로 오염농도를 실시간 제공하는 사이트를 운영하고 있다. 그리고 SEREMI는 지역네트워크로서 10개의 측정소를 운영하고 있다. 현재 운영 중인 전국의 실시간 자료를 수집 관리할 수 있는 측정망 시스템은 약 24개소(MACAM, SIVICA)이며, 이외의 측정망 자료는 정기적으로 국가 대기환경 감시 정보시스템인 SINCA에서 최근 자료로 경신되고 있다. 약 24개소의 실시간 대기환경 감시 시스템을 제외하고 모두 수동으로 자료를 관리하고 있음에 따라 전국에 대한 실시간 감시 시스템의 기반이 구축되고 있음에도 불구하고 이를 효율적으로 시행하지 못하고 있다(KEI, 2013; SINCA, 2013).

03 운영 사례

수도권 및 전국 20여개 지역을 대상으로 210개의 대기오염 측정소가 구축되어 있다(SINCA, 2013). 측정항목 중 가장 많이 배치된 장비

<그림 4> 칠레 전국 대기환경 감시 측정소

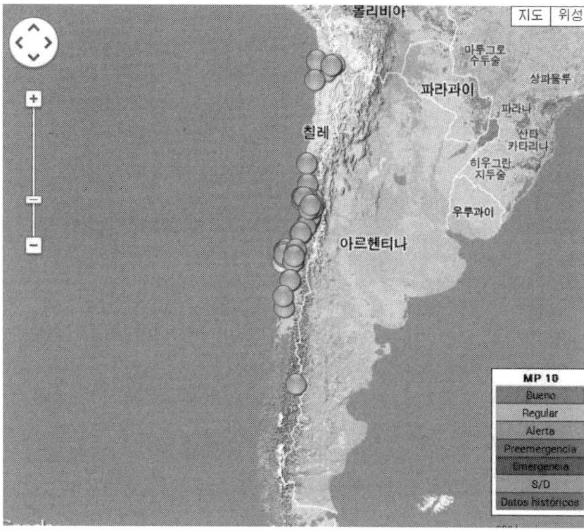

<그림 5> 5단계로 지수화된 측정 자료

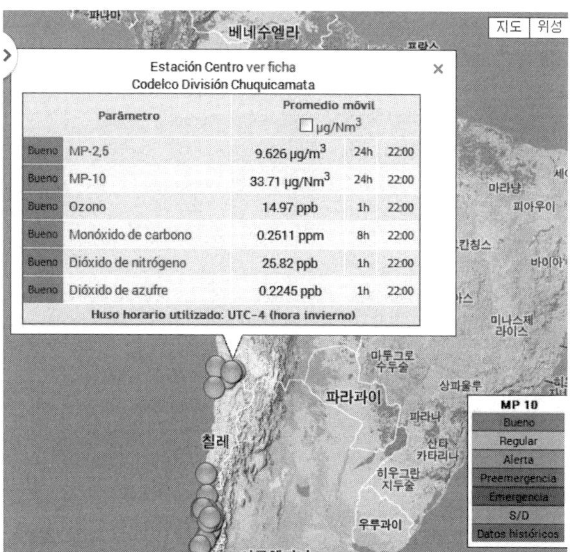

는 PM-10, SO_2, NO_x 순으로서 현재 칠레에서 가장 관심을 가지고 대기오염물질 현황을 파악하고자 하는 측정항목이라 볼 수 있다. 측정망은 지역대기, 도로변, 산업지역으로 나누어 특성화하고 있으며 각각의 측정 결과는 5단계화(적절, 보통, 나쁨, 심각, 아주 심각)된 지수화 표시(Color datos Validados)를 통하여 측정치를 표출하고 있다(그림 4, 5).

수도인 산티아고 지역에서는 2011년에도 5월 28~29일 대기오염주의보가 발령된 바 있다(KEITI, 2012). 산티아고를 포함한 수도권의 인구는 칠레 전체인구 1,740만 명의 3분의 1에 해당하는 약 550만 명이다. 산티아고 지역은 안데스 산맥으로 둘러싸여 있는 분지형태로 북쪽과 동쪽은 3,200미터가 넘는 산들로 둘러있고, 서쪽으로는 2,000m 넘는 연안 산맥으로 구성되어 있다(그림 6). 따라서 바람의 순환 운동은 매우 약하고 분지 내부로 새로운 공기의 유입이 차단 및 방해되고 있다.

<그림 6> 산티아고 주변 지형과 대기환경 감시 측정소

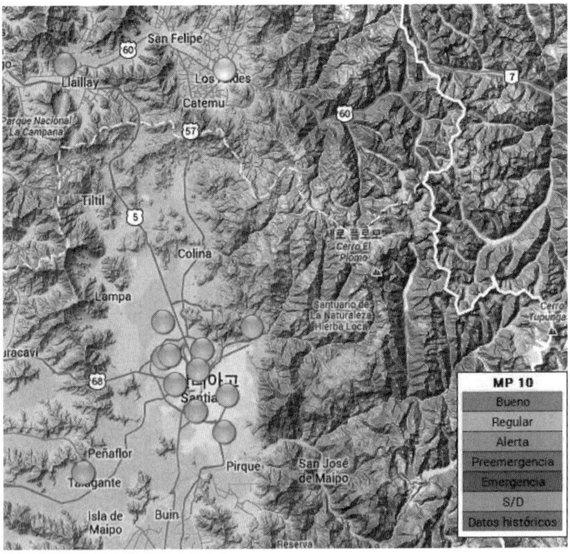

<그림 7> 산티아고 측정소에서 5단계로 지수화된 측정 자료

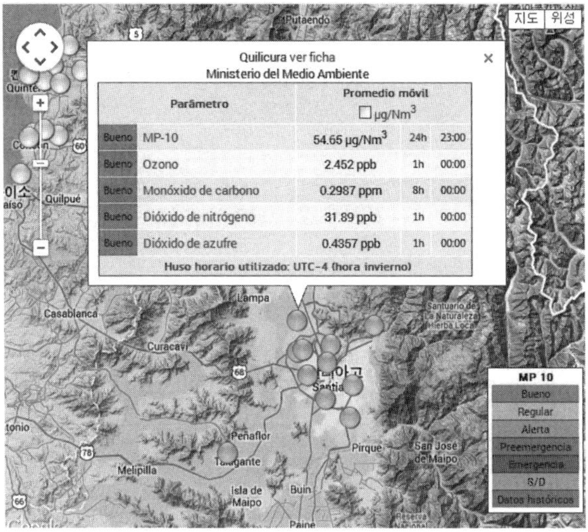

<그림 8> 산티아고 11개 측정소에서 5단계로 지수화된 일반 대기오염물질,
중금속 및 휘발성 유기오염물질, 그리고 기상 자료

												Provincia de Cordillera
1 estación		CH_4	CO	HCNM	MP 10	MP 2,5	NO	NO_2	NO_X	O_3	SO_2	Meteorología
Comuna de Puente Alto 1 estación	Puente Alto en línea											
												Provincia de Santiago
9 estaciones		CH_4	CO	HCNM	MP 10	MP 2,5	NO	NO_2	NO_X	O_3	SO_2	Meteorología
Comuna de Cerrillos 1 estación	Cerrillos en línea											
Comuna de Cerro Navia 1 estación	Cerro Navia en línea											
Comuna de El Bosque 1 estación	El Bosque en línea											
Comuna de Independencia 1 estación	Independencia en línea											
Comuna de La Florida 1 estación	La Florida en línea											
Comuna de Las Condes 1 estación	Las Condes en línea											
Comuna de Pudahuel 1 estación	Pudahuel en línea											
Comuna de Quilicura 1 estación	Quilicura en línea											
Comuna de Santiago 1 estación	Parque O'Higgins en línea											
												Provincia de Talagante
1 estación		CH_4	CO	HCNM	MP 10	MP 2,5	NO	NO_2	NO_X	O_3	SO_2	Meteorología
Comuna de Talagante 1 estación	Talagante en línea											

<그림 9> 산티아고 측정소에서 실시간 O_3 농도 시계열

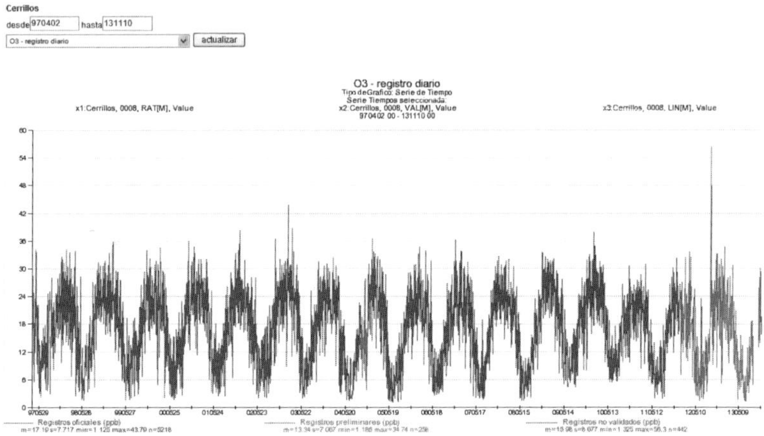

<그림 10> 산티아고 측정소에서 실시간 PM10 농도 시계열

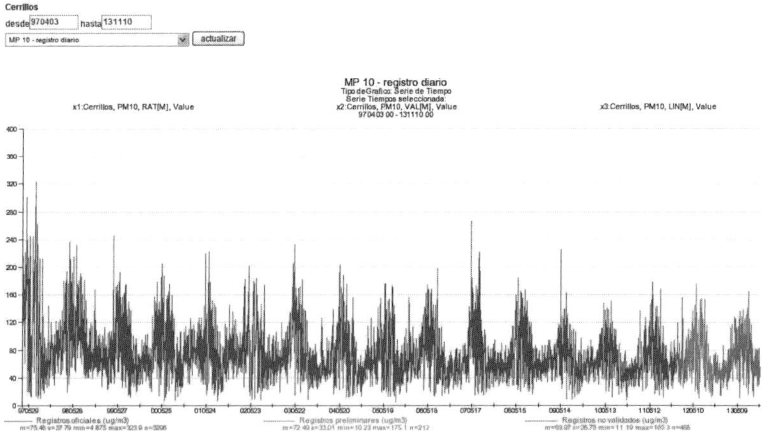

산티아고는 11개의 측정소를 운영하고 있으며, 일반 대기오염물질(PM10, PM2.5, SO_2, NO_x, CO, O_3)이외에도 중금속 및 휘발성 유기오염물질 등을 측정하고 있다(그림 7, 8). 산티아고는 멕시코에 버금갈 정도로 대기환경이 좋지 않은데, 겨울철에는 시정거리가 1~500m 정도에 불

과한 경우도 많다. 산티아고 주변에는 구리광산이 많아 매연도 심각하고 노후차량의 교체가 지연되고 있으며, 신규차량도 급격하게 증가하고 있다. 그림 7에 알 수 있듯이 PM10 농도는 북부지역 농도(그림 5) 보다 높게 나타나고 있다.

그림 8과 같이 측정 자료는 실시간 www.sinca.mma.gob.cl를 통해 공개하고 있다. 대기오염 상태는 적절, 보통, 나쁨, 심각, 아주 심각 등 5단계로 발표되고 있다. 산티아고는 자동차 배기가스 오염을 줄이기 위해서 자동차 2부제를 실시하고 있다. 매년 4월부터 동계 대기오염 관리시스템을 가동하고 있는데 스모그 지수가 300 이상으로 아주 심각한 경우에는 배기가스 정화장치를 부착한 차량의 경우 40%, 부착하지 않은 차량의 경우에는 60%까지 운행을 중지시키고 있다. 산티아고 공중보건국(SEREMI)은 대기오염이 심할 경우 최대 24시간 이내에서 한시적으로 제조공장 가동을 강제로 중지시키고 있다.

대기환경 감시측정소에서 지켜야할 최소한의 필요한 특성 및 조건에 따라 측정된 모든 대기오염 농도의 자료는 실시간 그림으로 표현하여 공개되고 있다(그림 9, 10). 측정치의 산정은 5분 자료 값을 기준으로 12개 값으로 시간평균을 구하고 있으며, 다만 미세먼지의 경우에는 15분 자료 평균값으로 시간평균을 구하고 있다. 산티아고에서 대기환경 기준치는 북부나 남부 지역에 비해 엄격하게 규정되어 있다. 실시간 측정 자료로부터 환경 기준치(PM10: 24h 120, 연 50; SO_2: 24h 250, 연 80; O_3: 8h 120, 1h 160; CO: 1h 30,000, 8h 10,000; NO_2: 24h 400, 연 100, 단위 : $\mu g/m^3$) 초과 여부를 확인하여 대책을 강구하고 있다.

04 대기환경 감시망 관리시스템 구축 방안

1) 국가 대기환경 감시망 관리시스템의 필요성

국가 대기환경 감시망의 운영목적은 국가대기정책의 수립을 지원하는데 중점을 두고 있다. 국가적·지역적 대기환경 기준의 만족여부 및 이행실태를 점검하고, 대기오염의 경향을 파악하여 주요 배출원 인자에 대한 제어 및 관리, 국민에게 대기환경 수준과 노출에 대한 정보를 제고하기 위함이다. 이러한 목적을 달성하기 위하여 대기환경 관리를 위한 대기측정망 데이터는 신뢰성 있는 자료로 측정되어야 하고 효율적으로 관리되어야 한다. 칠레 역시 대기오염이 심화됨에 따라 정확한 대기오염현황을 분석하고 평가하기 위하여 점차적으로 측정소를 확충하고 국가측정망을 체계적으로 관리할 측정망 자료의 관리시스템이 요구되고 있다.

2) 대기환경개선을 위한 제도적인 개혁

가. 대기관련 법제 현황

칠레의 대기환경과 관련한 법률은 1984년에 제정된 환경보호법(law 19300)을 기초로 하며 2010년 환경과 관련한 법률(law 20417)을 개혁하였다. 칠레는 2010년 법률을 개혁하면서 환경부를 창설하고 환경평가체제, 환경감시체제 등을 개편하였다. 칠레는 환경보호법을 기본으로 한 권역별 대기환경 개선계획을 수립하고 이를 이행하는 방법으로 대기환경 개선정책을 수행하고 있다. 칠레의 대기환경 개선관련 계획과 규제 내용은 반드시 준수해야하는 법적 성격이 강하다(KEI, 2013).

나. 대기환경 개선을 위한 제도적인 개혁

칠레의 주요 환경문제인 대기오염 문제를 해결하기 위하여 대기환경과 관련한 법제가 필요하다. 법률에는 환경규제에 관한 일반 원칙만 규정되어 있으므로 좀 더 구체적인 대안을 제시할 수 있는 법이 필요하다. 따라서 칠레의 대기환경을 총괄하여 관리할 수 있는 '대기환경보전법'의 제정을 추진해야 한다.

다. 대기환경 행정체계의 강화

칠레의 경우 많은 인구가 거주하고 있는 수도권지역의 대기환경 개선을 위하여 '수도권대기환경청'과 같은 기관의 신설이 필요하다. 칠레의 수도권지역은 자동차와 같은 이동오염원을 비롯하여 주변 발전소 등 고정오염원이 복합적으로 작용하기 때문에 체계적으로 대기오염을 줄여나가도록 접근하는 기관이 필요하다. 또한 대기환경을 비롯하여 칠레의 환경보전과 환경오염방지에 관한 측정 및 관리를 담당할 수 있는 연구기관의 신설이 요구된다. 대기환경을 비롯하여 칠레의 전반적인 환경정책 및 기술에 대한 연구개발을 통하여 환경문제의 예방과 해결에 기여할 수 있다.

3) 국가 IT 현황

ITC 자료(2012)에 따르면, 칠레의 인터넷 보급률은 61.4%로 약 1,000만 명이 가입되어 있다. 이동통신 또한 138% 이상이 보급되어 약 2,400만 명이 이용하고 있으며, 3G 와 LTE 서비스가 보급되고 있다. 유선통신 보급률은 2012년 현재 18.8%로 해마다 감소하는 추세를 보이고 있다. 칠레의 방송은 지상파 중심으로 구성되어 있으며, 유료 TV 보급률도 40%에 이르고 있다(2011년 기준). 칠레의 방송은 2013년부터 디지털 지상파 방송이 출시되어 있다(CONEX, 2013). 최근의 인터넷 환경은 스마트 4G 보급을 위하여 3개 통신사에 서비스용 인허가가 발급되어 있기 때문에 향후 LTE 보급과 더불어 이동통신 시장의 경쟁이 강화될 것으로 전망된다.

현재 대기측정망과 관련한 정보 네트워크는 대기 측정소에서 관측한 오염물질의 농도를 실시간으로 관리처로 전송하는 수준의 네트워크가 구성되어 있다. 칠레 정부는 2000년대에 들어서면서 정보화 정책을 실시하였으며, 정보통신 분야의 꾸준한 성장을 견인하고 있다.

4) 국가 대기환경 감시망 관리시스템의 역할

일반적으로 대기오염 측정은 환경기준으로 설정되어 있는 일반항목(SO_2, NO_x, CO, O_3, PM, 기상측정)의 경우 연속으로 측정되는 자동측정망으로 구성되며 중금속, 유해물질, 산성우 등 특수 목적에 따라 비연속적으로 대기오염을 측정하는 수동측정망의 형태로 구분될 수 있다. 국가 대기환경 측정망 관리시스템의 주요 기능은 대기환경 감시자료를 자동으로 수집하며 측정소에서 송신되는 자료가 수신되지 않을 경우 시스템으로 알려주는데 있다. 또한 측정소의 이력 및 관리 현황을 알려주어 원활한 측정소별 운영을 지원하는데 있다. 수집된 대기환경 측정 자료는 정도관리 및 보고서 또는 각종 통계 등 효율적인 자료로 활용이 가능하다. 먼지, 오존 등 대기오염 농도가 높게 나타날 경우에는 경고 기능을 통하여 즉각적인 대응 및 조치도 가능하다.

가. 데이터 선별 확정을 통한 정도관리

측정소 현장에서 측정값은 측정결과에 대한 정도관리를 통하여 활용 가능한 자료로 변환되어야 하며 이러한 일련의 과정을 선별 확정이라 한다. 측정 결과 값의 신뢰도를 높이기 위한 선별 확정과정은 3가지로 나눌 수 있다. 프로그램에 의한 자동선별과정과 자료 관리자에 의한 수동선별 확정과정, 요인규명과 무효화처리 과정 등이 있다. 국가 대기환경 감시망 프로그램에 의한 선별과정은 이상 자료를 조사하고 이를 평가, 수정, 유·무효화 처리한다. 자동측정망의 선별 확정 대상항목은 일반 대기오염물질(SO_2, NO_x, CO, O_3, PM10, PM2.5)과 기상항목(풍향, 풍속, 온도, 습도, 일사, 강우)등이다. 자료의 선별과정은 첫 단계로, 프로그램의 알고리즘에 따라 선별과정을 거치게 되고, 이 단계의 자료선별(Data Screening)은 미리 규정된 선별알고리즘에 따라 이상자료를 모두 조사하여 인위적인 자료 선별과정에서 소요되는 인력과 시간을 절감할 수 있다. 두 번째 단계로는 자료 관리자 및 측정망 운영자에 의한 수동선별과정으로서 위의 선별알고리즘에 따라 선별하기 어렵거나 정상 자료로의 환원 등 관리자에 의한 선별과정을 말한다. 세 번째 단계로는 자료에 대한 신뢰도를 평가하여 확정하는 단계로 운영자 및 운영기관에 의하여 1차 확정이 이루어지며 2차 확정은 국가 대기환경 감시시스템의 운영기관인 자료 관리자에 의하여 최종 확정된다. 최종 확정에 따라 측정소 운영결과를 통한 각종의 통계처리와 그림으로 표현이 가능하게 진다.

나. 측정소 정보 및 측정기 관리 기능

대기오염 측정망 및 측정소의 종합적인 관리를 위하여 측정망 구성의 현황을 파악하고 측정소 및 측정 장비의 이력관리 등 상세정보를 관리함으로서 측정망 유지관리에 유용한 자료로 활용되도록 한다. 측정소의 위치에 대한 용도지역, 주변 환경, 장비현황 등의 이미지를 관리하고 정기적인 최신화가 가능하여야 하며 측정 장비에 대한 이전, 교체, 유지관리 내역 등을 관리함으로서 종합적인 관리가 가능하여야 한다. 측정 장비의 상태정보와 이상 유무를 판단할 수 있도록 측정 장비의 계측 신호를 받아 상태정보를 표출함으로서 장비의 이상 유무를 원격지에서 점검하고 판단하여 점검 및 수리에 신속대응이 가능하여야 한다.

다. 통신규약(Protocal) 기능

국가 대기환경 감시시스템은 측정소와 센터간의 정보교환의 활동으로 자료를 수집하여 관리하는 시스템으로 필수적 기반요소는 통신규약을 설정하여 표준화하는 것이다. 측정 장비와 자료 기록기, 자료기록기와 통합센터 간, 국가와 지자체 간 등 통신규약을 통일화함으로서 표준체계를 통하여 장비 및 지역 간의 혼선을 막고자 기준을 정하는데 있다.

서로 다른 시스템을 연결하는 통신체계를 네트워크라 규정할 수 있으며 네트워크의 각 말단을 호스트로 규정할 수 있다. 서로 다른 시스템을 연결하는데 필요한 통신 규약을 각각의 역할에 따라 계층별로 분류할 수 있으며 통상적으로 대기환경 감시를 위한 계층은 자료연결 계층(정부망), 네트워크 계층(Internet Protocol), 전송 계층(Transmission Control Protocol), 프로세스 계층(전송 데이터 프레임 구조) 등 4가지로 구분될 수 있다.

라. 단계별 구축방안

한국과 칠레의 대기오염 관리를 위한 대기환경 감시망의 가장 대별되는 차이점은 설치와 운영 주체의 차이를 들 수 있다. 한국의 경우, 측정소의 설치와 운영을 위한 정도관리 그리고 통신체계를 통한 자료 수집 및 관리가 체계적으로 구성되어 통일성을 유지하고 있다. 칠레의 경우는 설치 주체 및 운영주체가 개별화 되어 있으며 정도관리를 위한 체계 및 자료관리 체계도 지역별 내지 사설운영 기관에 따라 개별화 되어 있다. 체계적인 관리제도와 시스템을 구축하기 위하여서는 단계별, 분야별 개선을 통하여 합리적인 방안을 마련하여야 한다.

1단계는 설치 운영단계로서 측정소의 설치, 측정망의 구성 등에 대한 기본적인 체계와 방안을 제시하여야 한다. 또한 국가 표준의 정도관리 방안을 제시하여야 한다. 2단계는 각 지역별 또는 측정망별 측정된 자료를 체계적으로 수집 가능한 절차에 대한 규정이 필요하며 통일된 확정절차에 따른 자료 관리 방안을 제시하여야 한다. 국가적 자료 취합기능을 가진 운영시스템을 통하여 관리 기반을 구축하고 유효 측정 자료의 평가를 통하여 3단계에서 정책단계를 수행할 수 있는 체계를 구축하며 4단계의 대민홍보 및 예보제의 실시로 이어지는 단계적 추진이 바람직하다. 현 칠레의 측정망은 이미 200여개의 측정소가 구축되어 있으며 또한 특성화된 네트워크를 구축하여 운영중에 있다. 그러나 아직 국가적인 기준에 따른 표준제시가 미흡한 실정이며 이를 체계적으로 구축함으로서 효과적이고 선진화된 대기환경 국가 측정망을 구축할 수 있다. 칠레 환경부에서 2012년부터 운영을 개시한 MACAM네트워크는 칠레의 가장 중요한 대기오염 측정망 네트워크이며 이를 체계적으로 관리할 시스템과 절차를 마련하고 국가네트워크 시스템을 구축하여 단계별로 SIVICA, SEREMI 및 지역네트워크를 통합하는 관리체계(Top-Down방식)의 접근이 효과적으로 판단된다.

(1) 단기 개선 개획(MACAM 네트워크를 통한 체계구축)

산티아고 대기측정망(MACAM)네트워크를 국가 표준 측정망으로 설정하고 이에 대한 정도관리 표준절차, 측정기 정도검사, 자료 검증 방법 등의 표준 수행 방안을 작성하여 각 지역별, 측정망별로 관리 및 개선 방안을 수립 시행한다.

① 정도관리 체계 구축

현행의 정도관리 프로그램을 개선하고 표준체계를 유지할 수 있는 시스템으로 개선하여 표준 인증기관의 가스 인증 및 유체유량에 대한 정도검사 방안을 수립한다. 또한 측정 장비 및 측정데이터의 신뢰도 향상 방안과 표준 절차를 수립한다. 아울러 향후 국가 표준 정도관리를 위한 기관을 신설하여 국제표준체계를 구축하는 방안을 마련한다.

② 정도검사 체계 구축

측정 장비의 안정성과 자료의 신뢰성을 평가하기 위한 방안으로 운영되고 있는 각 측정소의 측정항목에 대하여 검증프로그램을 개발하여 향후 지역네트워크와 사설 측정소의 측정 장비 정도관리를 위한 제도로 확대한다.

③ 표준 통신 체계 구축

기존 운영체계에서 운영되고 있는 통신규약과 자료의 산출방식 등을 표준화 및 체계화하고 이를 국가표준으로 설정하여 향후 실시간 자료 활용을 위한 방안으로 확대할 수 있는 체계를 구축한다.

④ 특정 대기오염 분석 체계 구축

향후 예상되는 광화학 오염물질 측정망 및 유해대기 측정망의 구축을 위한 기반으로서 특정 대기오염관리를 위한 분석실을 구축하고 단계별로 광화학과 유해대기 측정망의 확충을 추진한다.

⑤ 국가 대기오염 관리시스템 체계 구축

MACAM 네트워크 시스템을 개선하고 자료 관리기능의 강화와 실시간 대기환경 감시기반을 위하여 관리시스템의 구축방안을 마련한다. 향후 국가 전역의 지역 자료를 총괄 관리하기 위해 현재 운영되고 있는 시스템의 관리 및 운영체계를 재검토하여 국가 대기환경 종합관리가 가능한 시스템을 선정 도입한다.

(2) 중장기 개선 계획

대기환경 감시측정망의 운영에 대한 기본지침은 보건부를 중심으로 구성되어 있으나 이를 환경부 중심의 관리체제로 전환하고 지역 및 사설측정망의 측정 정도관리와 자료 취합·품질관리 등을 총괄할 수 있는 제도 개선이 필요하다. 또한 국가 표준 기관을 통한 표준물질 인증시스템과 유체 유량 검정·교정, 기상측정 장비의 검·인증제도 등 국제적 표준에 적합한 기준 마련이 필요하다.

05 협력 방안

우리나라 대기환경 감시 시스템의 특화 분야에 대한 축척된 기술과 경험을 기반으로 칠레에 효과적이고 경제적인 관리시스템이 도입되도록 협력 체계를 구축해야 하겠다. 우리나라의 집약된 감시 시스템과 이를 관리하기 위한 정도 관리 프로그램을 기술 이전하여 국가 대기환경 관리를 위한 실시간 감시 체계를 구축하고 국가 표준운영

정도관리 절차를 도입하여 표준체계를 구축하도록 한다.

1) 국가 대기환경 통합관리시스템 구축

전국의 대기환경 감시 측정소의 자료는 연속 측정 장비로 생산되고 있으나 이를 통합 관리 할 수 있는 네트워크 시스템이 구축되어 있지 않아 이를 통합 관리할 수 있도록 네트워크 시스템의 구축이 필요하다.

2) 네트워크 시스템의 통합관리

현재 분산되어 개인 사업자를 통하여 운영되고 있는 시스템을 환경부 내의 고유 네트워크시스템으로 구축하여야 하며, 환경정보에 대한 국가 자료 기반시스템을 구축하는 것이 바람직하다.

3) 표준운영체계를 통한 정도관리 체계 도입

전국 대기환경 측정소를 관공서(7개)와 사설기관(22개)에서 운영, 관리함에 따라 통일된 표준체계의 정도 관리가 필요하며 측정 자료의 신뢰성을 확보하는 것이 현안 과제라 할 수 있다. 따라서 국가 대기환경 감시 통합시스템을 환경부(MMA)내에 구축하고 전국의 측정망 자료를 실시간 통합관리하며, 또한 표준 정도 관리 체계를 수립하여 전국의 측정망을 관리할 필요성이 있다.

4) 선진 대기환경 감시시스템 구축을 위한 한국 환경부 정책 지원

칠레에 우리나라의 국가 대기환경 감시 및 정보 시스템(National Air Quality Monitoring Information System, NAMIS)의 도입은 측정망 자료를 취합 관리하는 소프트웨어 및 대기환경 감시 관리시스템의 선진화를 의미하며 한국정부의 협력을 통한 대기관리 정책의 지원 등 제반 협력을 기반으로 추진될 수 있다. 이를 통해 전국적으로 대기환경의 실시간 현황과 데이터를 조회 가능하고, 주요 현황을 제공하는 공개 사이트를 구축한다.

5) 감시시스템 운영 기술 전수를 위한 한국환경공단과 협력

NAMIS 구축을 통한 시스템의 운영 기술을 전수하고 대기환경 측정소의 운영관리의 축척된 기술을 지원한다. 한국의 표준운영체계를 바탕으로 칠레 현지 프로그램의 개발을 통하여 맞춤형 표준운영(표준통신프로토콜 개발, 표준 정도관리 프로그램 개발, 기술 교육 및 자료 관리 및 분석 등) 체계를 수립할 수 있도록 지원한다. 또한 대기 및 수질 분야에서 감시 및 배출원 관리, 소음 감시관리 등 다양한 환경감시 분야의 기술을 통한 경제적이며 효과적 네트워크를 구축하도록 지원한다.

06 결론

칠레의 대기환경 감시망은 지역 특성에 따라 북부지역, 중부지역, 그리고 남부지역으로 관리되고 있다. 전국 15개 지역과 수도권 지역에서는 210개의 대기오염 측정소가 구축되어 있으며, 일반대기오염물질(PM, SO_2, NO_x, CO, CH_4, O_3)과 중금속 및 휘발성 유기오염물질 등 10개 항목이 측정되고 있다. 2012년 이전에는 전국 15개 지역 대기 측정망의 업무는 보건부에서 총괄 관할하였으나 이후 2012년 4월부터 중부지역 산티아고의 측정망은 환경부에서 이관 받아 운영하고 있다. 칠레 환경부는 2012년 4월부터 본격적인 대기환경 측정망관리 운영의 업무에 착수 하였으며 특히 수도권을 중심으로 한 대기환경 감시시스템(SINCA)의 안정적인 운영과 개선에 중점을 두고 있다. 산티아고에서 측정 자료는 실시간 환경부 웹사이트를 통해 실시간 공개되고 있으며, 적절, 보통, 나쁨, 심각, 아주 심각 등 5단계로 대기오염 상태를 발표하고 있다.

칠레 환경부는 최근 대기오염이 심화됨에 따라 정확한 대기오염현황을 분석하고 평가하기 위하여 점차적으로 측정소를 확충하고 체계적인 국가 대기환경 감시망 관리시스템을 구축하는데 중점을 두고 있다. 현재 운영 중인 국가 대기환경 감시망은 설치 주체 및 운영주체가 개별화 되어 있으며 정도관리 및 자료관리 체계도 지역별 내지 사설운영 기관에 따라 개별화 되어 있다. 체계적인 관리제도와 시스템을 구축하기 위하여 단계별로 합리적인 개선 방안이 마련되어야 한다. 단기 개선 개획으로는 산티아고 대기측정망(MACAM) 네트워크를 국가 표준 측정망으로 설정하고 이에 대한 정도관리 표준절차, 측정기 정도검사, 자료 검증방법 등의 표준 수행 방안을 작성하여 각 지역별, 측정망별로 관리 및 개선 방안을 수립하고 시행하여야 하겠다. 중장기 개선 계획으로는 현재 국가 대기환경 감시측정망의 운영 기본지침이 보건부를 중심으로 구성되어 있으나 이를 환경부 중심의 관리체제로 전환하고 지역 및 사설측정망의 측정 정도관리와 자료의 취합·품질관리 등을 총괄할 수 있는 제도 개선이 필요하다.

우리나라의 집약된 대기환경 감시 시스템과 정도 관리 프로그램을 칠레에 기술 이전하여 효과적이고 경제적인 국가 대기환경 관리를 위한 실시간 감시 체계와 정도관리의 표준 운영체계가 구축될 수 있도록 협력체계를 구축해야 하겠다. 이를 위해 한국환경공단에서 운영하고 있는 국가 대기환경 감시 및 정보 시스템(NAMIS)의 운영 기술을 전수하고 운영관리의 축적된 기술 지원이 이루어져야 한다. 또한 우리나라의 표준운영체계를 바탕으로 칠레 현지 프로그램의 개발을 통하여 맞춤형 표준운영(표준 통신프로토콜 개발, 표준 정도관리 프로그램 개발, 기술 교육 및 자료관리 및 분석 등)체계를 수립할 수 있도록 지원해야 한다. 수질과 소음 분야 등 다양한 환경 분야에서도 한국과 칠레 간 상호 협력을 위해 양국 환경부의 긴밀한 정책적인 협력체계가 구축되길 기대한다.

참고문헌

Korea Environment Corperation, KEI (2013) "Mater plan to improve air quality management in Chile (Air pollution management)".

Korea Environmental Industry & Technology Institute, KEITI (2012) "Air Quality Improvement Mater Plan of Chile".

CONEX http://conex.kisa.or.kr/jsp/country/country.jsp?menuCode=010308 &catNo=146&mode=VIEW&knwldNo=133450&catName=ALL&kmapNo=3 (25 Feb. 2013)

ITC(2012). Measuring Information the Society

Jeremy, S.(2008). Emissions Trading in Santiago, Chile : A Review of the Emission Offset Program of Supreme Decree No 4. U.S. Environmental Protection Agency.

REPÚUBLICA DE CHILE Ministerio Secretaríia General de la

Presidencia De la Repúublica (2008). REVISA, REFORMULA Y ACTUALIZA PLAN DE PREVENCIÓ Y DESCONTA-MINACIÓ ATMOSFÉICA PARA LA REGIÓ METROPOLITANA (PPDA).

SINCA (2013). "http://sinca.mma.gob.cl/".

멕시코시티 대기오염 저감 정책과 대기측정망의 대기오염물질 특성 연구

This converged research deals with atmosphere quality and character investigation with scientific approach in Mexico City and focuses on what kinds of air pollution reduction policy has introduced and developed for Mexican Government since the early of 1980s. Through many policies introduction and its operation with adopted reduction programmes, this research also find out improvement results through scientific research method and analysis in depth, especially by using of 'receptor model' accepted with the atmospheric materials from 25 monitoring posts with RAMA system and 13 monitoring posts with REDMA networks. As a receptor model, this paper made the best use of Principal Component Analysis(PCA) and

Cluster Analysis(CA) as well. According to field measurement data accumulated by gas materials since the year of 1986, air pollution concentration with SO_2(87%) and CO(80%) are sharply reduced respectively and the concentration of NO_2 also identify drop of 18%. After operation of RAMA system, the cases of O_3 and PM10 also decreased 39% and 22% respectively, however, the data shows a little bit fluctuation since the year of 2008. The results of cluster analysis showed that the sites of RAMA system covered three and five groups for NO_2 and SO_2, respectively. For the spatial distribution, the concentrations of NO_2 and SO_2 were higher in the Central and Northern Mexico city, respectively while O_3 was higher in the Southern region of the Mexico city. Finally, as a converged manner, this research identified the current limits and challenges of air pollution reduction policy and environmental governance in Mexico.

KEYWORDS

Mexico City, Air Pollution Reduction Policy, RAMA, PCA, CA

요 약

본 연구는 멕시코의 수도인 멕시코시티(Mexico City)의 대기질 특성과 대기오염의 심각성 이해 및 멕시코 정부의 대기오염 저감을 위한 정책적 노력을 이해하기 위해 연구되었다. 특히 대기질 특성 이해를 위해 수용모델을 적용하여 25개의 대기자동측정망(RAMA)과 13개의 기상자동측정망(REDMA) 자료를 분석하였으며 동시에 1980년대 이후 멕시코 정부의 다양한 대기오염 저감 정책을 살펴보았다. 수용모델로는 주성분 분석과 군집 분석을 활용하였다. 1986년부터 축적된 기체상 물질의 측정 자료에 따르면 이산화황(SO_2)과 일산화탄소(CO) 성분의 대기 농도는 각각 87%와 80%씩 급감하였고 이산화질소(NO_2) 성분도 18% 감소하였다. 오존(O_3)과 미세입자상물질(PM10)은 대기자동측정망 운영 이후 약 39%와 22%가 감소하였지만, 2008년 이후에는 증감을 반복하였다. 수용모델에서는 각 성분에 따라 대기자동측정소별 유사성이 다른 것으로 평가되었다. 주성분 분석에서는 SO_2와 NO_2가 오염원에 따라 각각 5개와 3개 인자로 분류되었으며, 군집 분석에서는 O_3과 PM10 그리고 CO 성분이 4~6개의 그룹을 형성하였다. 기상자료의 군집 분석에서는 풍속과 풍향 또한 대기오염물질 증감에 기여하는 것으로 평가되었다. 공간 분석 결과 북서지역과 중앙 지역은 각각 SO_2와 NO_2 성분의 분포율이 많았으며, 남서부지역은 O3의 농도가 높게 분포하였다.

KEYWORDS

멕시코시티, 대기오염저감 정책, 대기자동측정망, 주성분분석, 군집분석

01 서론

멕시코의 수도 멕시코시티(Mexico City)는 남북으로 50km 그리고 동서로 40 km 규모의 평평한 지역에 약 1,000km²의 계곡 분지를 형성하고 있다(2013; UN, 1992). 북위 19°의 열대 지역에서 해발 2,240m에 위치한 멕시코시티는 지형적 영향과 더불어 연중 강한 일사량과 낮은 풍속으로 광화학반응에 의한 대기오염도가 심각한 것으로 알려져 있다(Velasko et al., 2005). 동쪽에서 유입되는 공기와 남서쪽에서 유입되는 공기가 멕시코시티 내부에서 수렴하여 오염물질의 확산을 방해하며, 상층부의 고기압 발생으로 인한 침강역전으로 오염물질의 수직 확산도 감소하게 된다(Jazcievich et al., 2003). 물론 멕시코시티를 비롯한 대다수의 중남미 지역 대도시들은 여전히 심각한 대기오염에 직면해 있다(Bell et al., 2006; Romero-Lankao and Borbor-Cordova, 2013). 대도시들의(멕시코시티 포함) 대기오염 심각성은 대기오염물질로 인한 직접적인 다양한 질병 발생(물론 미숙아 증가, 등)은 물론 대도시 시민들의 환경권 침해 기타 간접적으로 다양한 경제사회적 피해를 낳고 있다(O'Neill et al., 2013). 직접적 피해 사례들에 대한 최근 학계의 연구들을 보면, 또한 입자상 물질에 포함된 중금속이나 발암물질들이 DNA에 영향을 주어서 폐질환을 발생시킬 가능성이 있는 것으로 알려져 있다(García-Cuellar et al., 2002). 65세 이상 노인의 경우 미세입자(PM10)와 O_3 농도 증가시 호흡기 질환 증가 현상이 제기 되었다(Téllez-Rojo et al. 2000). O' Neill et al(2004)은 멕시코시티에서 O_3이 10ppb 증가할 경우 사망자가 0.65% 증가하고 65세 이상의 노약자의 경우 1.39% 증가하는 연구 결과를 발표하였다.

물론 멕시코 정부 입장에서 1990년대부터 환경문제에 대한 정책적 중요성이 그리고 2000년대 들어 기후변화 영향에 대한 심각성 등에 대한 사회적 인식이 확산되면서 다양한 제도적(환경법, 환경기구, 환경정책, 기후변화일반법) 대응을 해 오고 있는데(하상섭 2010, 2013), 가장 중점적으로 대응해 온 분야가 대기오염 방지를 위해 다양한 노력이라고 할 수 있다. 예를 들어, 멕시코시티는 오염물질 감축을 위한 일환으로 자동차 운행일수 제한, 대기환경기준수립, 자동차 배출량 조사, 연료품질기준과 건강위해도 연구 등 다양한 노력을 진행해 왔다(Fernández-Bremauntz., 2008). 더 나아가 멕시코 정부는 대기질 개선을 위해 국제협력을 바탕으로 도시 대기질 관측 프로젝트와 모니터링 그리고 모델링 작업을 종합적으로 실시해 왔으며, 이를 바탕으로 현재 25개 자동측정망을 운영하고 있다(Streit and Guzmán, 1996). 여타 중남미 국가들도 - 멕시코를 비롯하여 칠레와 브라질에서 - 대기오염측정망을 운영하고 있듯이, 멕시코의 경우는 1986년부터 대기 측정망을 운영하고 있으며, 측정소는 대기오염 수준과 도시의 발달 정도에 따라 유동적으로 조정되어 왔고, 측정 항목 또한 모든 측정소에서 일괄적으로 측정하는 대신 오염물질의 영향이 큰 지역을 선정하여 산별적인 측정을 수행하고 있다.

오늘날에 와서는 멕시코시티의 대기질 개선이 그나마 획기적으로 이루어졌지만, 안정적인 대기 수준을 유지하기 위해서는 여전히 많은 정책적 노력이 필요할 것으로 알려지고 있으며(Marie et al., 2013) 특히 중남미 여타 다른 주요 도시의 대기질과 비교해도 멕시코시티의 대기오염은 여전히 심각한 수준으로 평가되고 있다(Green and Sánchez, 2013). 본 연구는 대기오염 저감을 위한 그동안 멕시코 정부의 다양한 대기오염 분야 정책적 노력들을 분석하였으며, 동시에 대기과학의 수용모델을 활용하여 멕시코시티 측정망의 공간적 특성과 대기오염물질의 현황을 분석 평가하여 이러한 정책적 노력의 성과, 결과 및 한계들을 분석해 보았다. 본 연구는 중남미 환경정책 및 환경문제에서 가장 큰 이슈가 되어 왔던 멕시코의 대기오염 문제를 멕시코시티를 대상으로 대기오염 저감 정책의 효율성과 대기 과학적 분석을 통해서 확인해 보고자 한다.

02 대기 과학 분석 방법

1) 기상 자료

대기오염물질 농도는 풍속, 풍향, 강수량 그리고 일사량에 큰 영향을 받기 때문에 대기오염물질 측정과 더불어 기상관측 시스템도 중요한 역할을 한다. 멕시코시티에서는 대기오염자동측정망 이외에 13개의 기상측정망(La Red Manual de Monitoreo Atmosférico(REDMA)을 체계적으로 운영하고 있다. 대부분의 기상측정망은 대기오염자동측정망에 비하여 도시 중심부에서 운영되고 있으며, 풍향, 풍속, 온도, 습도, 일사량과 가시도를 측정하고 있다. 본 연구에서는 2011년 7월부터 2013년 7월까지 25개월의 기상자료를 활용하였다.

2) 대기 측정망 자료

멕시코시티의 대기질 자동측정망(La Red Automática de Monitoreo Atmosférico: RAMA)은 현재 25개의 측정망이 운영되고 있다(표 1). 멕시코시티는 시간에 따른 오염물질 영향을 평가하기 위하여 측정망을 유동적으로 운영하고 있다. 측정항목은 북동, 북서, 남동, 남서 그리고 중앙지역으로 구분하여 이산화황(SO_2), 일산화탄소(CO), 오존(O_3),

이산화질소(NO_2), 미세입자상물질(PM10), 일산화질소(NO), 질소산화물(NOx), 초미세입자(PM2.5)를 모두 측정할 수 있는 측정소를 1곳 이상 운영하고 있다.

<표 1> 멕시코시티의 대기자동측정망과 측정항목

지역구분	위치	측정소명	측정항목
북서	Atizapán	ATI	CO, NO, NO_2, Nox, SO_2
	Camarones	CAM	PM2.5
	FES Acatlán	FAC	CO, NO, NO_2, Nox, O_3, PM10, SO_2
	Tlalnepantla	TLA	CO, NO, NO_2, Nox, O_3, PM10, PM2.5, SO_2
	Tultitlán	TLI	CO, NO, NO_2, Nox, PM10, SO_2
북동	Acolman	ACO	O_3, PM2.5, SO_2
	Montecillo	MON	CO, O_3
	Los Laureles	LLA	SO_2
	La Presa	LPR	SO_2
	La Perla	PER	PM2.5
	San Agustín	SAG	CO, NO, NO_2, Nox, O_3, PM10, PM2.5, SO_2
	San Juan de Aragón	SJA	PM2.5
	Villa de las Flores	VIF	CO, NO, NO_2, Nox, PM10, SO_2
	Xalostoc	XAL	CO, NO, NO_2, Nox, O_3, PM10, SO_2
중앙	Iztacalco	IZT	CO, NO, NO_2, Nox, O_3, PM10, SO_2
	Merced	MER	CO, NO, NO_2, Nox, O_3, PM10, PM2.5, SO_2
	Coyoacán	COY	O_3, PM2.5
	Cuajimalpa	CUA	O_3
남서	Pedregal	PED	CO, NO, NO_2, Nox, O_3, PM10, SO_2
	Santa Úrsula	SUR	CO, NO, NO_2, Nox, O_3, PM10, SO_2
	Tlalpan	TPN	O_3
남동	Chalco	CHO	CO, O_3. SO_2
	Tláhuac	TAH	CO, O_3, PM10, SO_2
	UAM Iztapalapa	UIZ	CO, NO, NO_2, Nox, O_3, PM2.5, SO_2

대기오염물질은 종류에 따라 다양한 오염원에서 배출된다. SO_2 성

분은 자연적 배출원을 제외하면 황 성분을 함유한 석탄이나 중질유 그리고 코크스 제련과 같은 산업시설에서 주로 배출된다(Reddy and Venkataraman, 2002). CO 성분은 화석연료의 불완전 연소로 발생하며, 산업시설이나 차량과 같은 이동오염원에서 배출된다(Gallardo et al., 2012). NO_2 성분도 연소과정에서 배출되며, 자동차나 산업시설 그리고 에너지를 사용하는 상업지역이나 거주 지역에서 높은 농도로 분포한다(Mavroidis and Chaloulakou, 2011). O_3은 질소산화물(NOx)과 휘발성 유기화합물(VOCs)이 강한 일사량 조건에서 생성되는 대표적인 광화학물질이다. 반면에 PM10은 입자상 물질로 자연 배출원과 인위적 배출원을 통하여 배출된다(Villasenor et al., 2003). 대기자동측정망의 유동적 운영으로 2011년 7월에 측정소 위치가 변경됨에 따라 본 연구에서는 2011년 7월부터 2013년 7월까지 자료를 분석하였다.

3) 통계 분석

멕시코시티의 대기자동측정망은 1986년부터 39개가 운영되었으며, 현재는 25개가 운영 중에 있다. 멕시코시티는 도시 대기질에 미치는 대기오염물질의 영향을 정확히 파악하고 대기질 개선 정책에 활용하기 위해서 유동적 공간배치를 선택하고 있다. 본 연구에서는 대기오염물질의 오염원과 공간분포를 이해하기 위하여 수용모델인 주성분 분석과 군집 분석을 적용하였고 시간 단위 측정치를 기본 분석 자료로 이용하였다(He and Dong, 2011; Khalil and Ouarda, 2009; Pires et al., 2008). 또한 대기자동측정망과 대기오염물질에 관한 특성을 이해하기 위하여 기상측정망을 중심으로 대기오염물질의 농도분포를 분석하였다.

03 연구 결과

1) 멕시코시티의 기상 특성

대기로 배출되는 오염물질은 지형과 더불어 기상에 따라 오염물질의 농도와 확산 규모가 결정되기 때문에 대상 지역의 기상 특성을 이해할 필요가 있다. 멕시코시티의 13개 기상 자동 측정망에서 관측한 기상 자료를 분석한 결과, 연평균 풍속은 2m/s 로 낮았으며 연평균 온도는 16℃로였다. 주풍향의 경우 북풍 계열이 약 40%로 가장 많이 관측되었고, 서풍 계열의 바람이 22% 그리고 동풍과 남풍이 각각 18%씩 발생하였다(그림 1).

<그림 1> 멕시코시티 기상 측정소의 풍향 풍속 특성

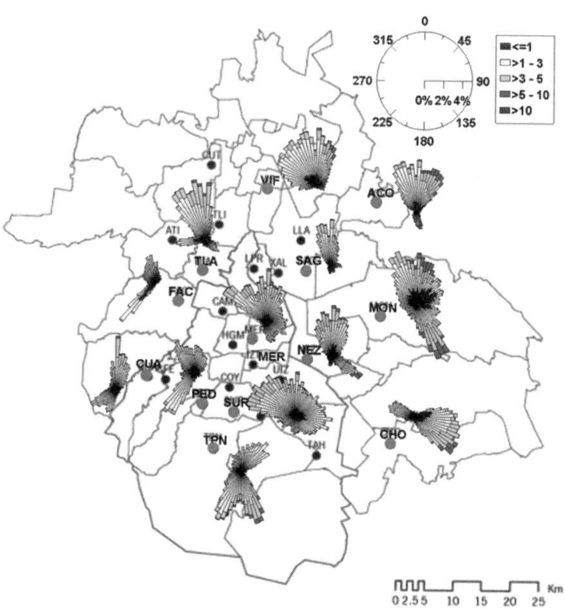

2) 멕시코시티의 대기질 현황

그림 2는 기상 측정소에서 관측한 대기오염물질의 연평균 농도분포를 나타낸 것이다. 질소산화물은 도시 중심에서 높게 분포하고 있으며, 입자상 물질들은 북부지역에서 상대적으로 높게 관측되었다. Jazcilevich and Ruíz-Suárez(2003)의 연구에 따르면 멕시코시티의 복잡한 기상 조건에 의해 질소산화물은 남동풍의 영향으로 도시의 북서 지역으로 이동하며, 휘발성유기화합물(VOCs)은 서풍의 영향으로 도시의 서쪽 지역으로 유입하여 도시 대기질을 악화시키는 것으로 평가되었다. 특히 남풍 계열과 북풍 계열의 바람이 수렴하여 광화학 반응 시간이 증가하면 도시의 남서부 지역에 O_3과 같은 광화학 물질 농도를 증가시킬 수 있다(그림 2).

<그림 2> 멕시코시티 기상측정소의 대기오염물질 특성
(SO_2, CO, O_3, NO_2, NOx의 단위 ppb, PM10과 PM2.5의 단위ug/m^3)

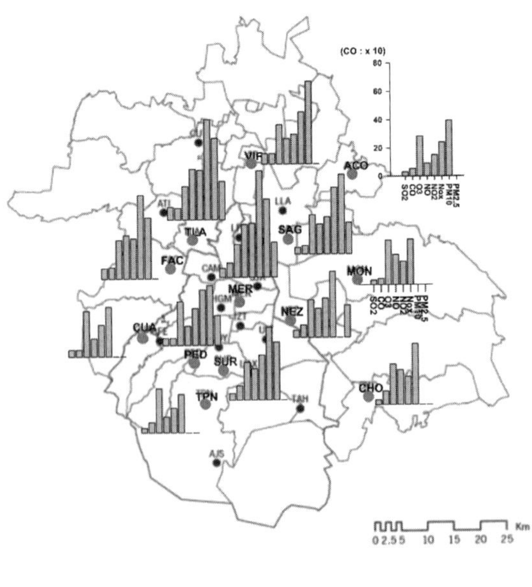

멕시코시티의 SO_2, NO_2, O_3, CO 그리고 PM10의 평균 농도는 뚜렷한 감소 추세를 나타내었다(그림 3). 대기자동측정망을 운영한 1986년부터 2012년까지 SO_2 성분은 최대 87% 감소하였고, CO와 NO_2 그리고 O_3는 각각 80%, 39% 그리고 18%씩 감소하였다. PM10은 1995년 측정 이후 약 22% 낮게 분포하였다. 최근 5년간의 대기오염물질의 변화는 SO_2와 CO 성분이 모두 19%씩 감소하는 추세를 나타낸 반면 O_3과 NO_2 그리고 PM10은 증감을 반복하는 경향을 나타내었다.

<그림 3> 멕시코시티 대기자동측정망의 연평균 분포

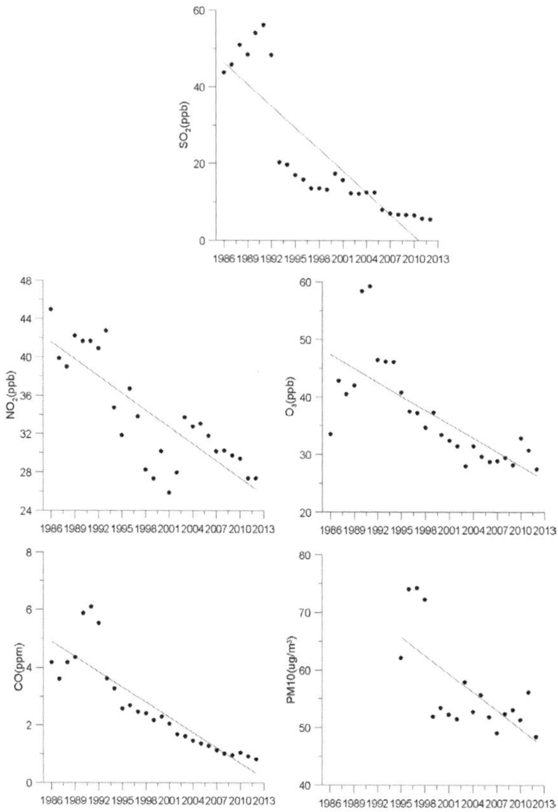

3) 멕시코시티의 대기오염물질의 공간 분포

가. 대기오염자동측정망의 지리적 위치에 따른 특성

멕시코시티의 대기자동측정소는 5개 지역으로 구분하여 북동과 북서 지역에 9개와 5개의 측정소가 운영되고 있으며, 남동지역과 남서지역에는 각각 3개의 측정소가 운영 중에 있다. 그리고 중앙지역에는 4개의 측정망이 운영되고 있다. 각 지역에는 8개의 오염물질을 모두 측정할 수 있는 측정소를 포함하고 있다. 대기오염물질은 지역에 따라서 상이한 분포를 하는 것으로 평가되었다(그림 4). 북서지역에는 SO_2 성분이 28%로 가장 높게 분포하였고, 중앙지역은 NO_2와 PM10 성분의 비중이 각각 25%와 24%로 높았다. 북서 지역에서는 산업 시설의 영향이 많았으며, 중부 지역은 불완전 연소에 기인하는 CO 농도가 높은 분포를 차지하기 때문에 차량의 영향이 큰 지역으로

<그림 4> 지리적 위치에 따른 대기 오염물질의 연평균 농도

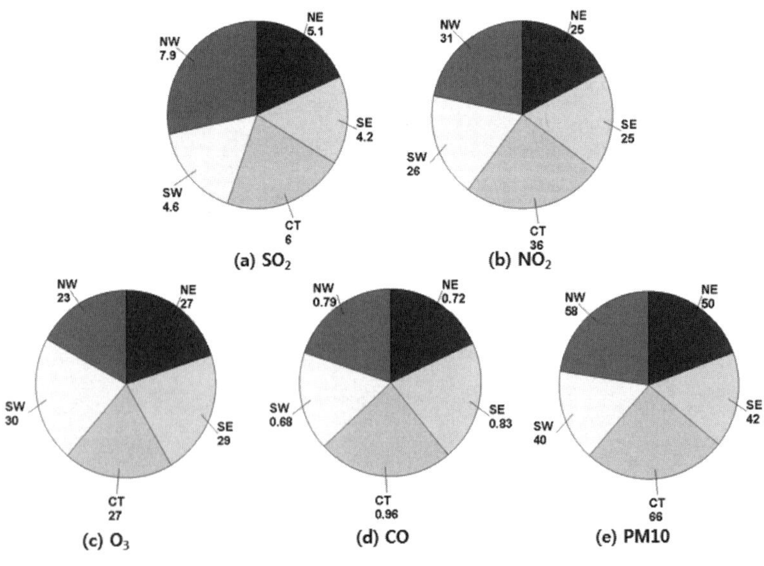

평가되었다. 남동 지역은 SO_2 성분과 NO_2 그리고 PM10 성분이 각각 15%와 17% 그리고 16%로 가장 낮게 분포하였다. 반면에 대기에서 상대적으로 안정한 CO 성분의 농도가 높아서 다른 지역에서 생성된 2차 오염물질에 의해 O_3의 농도가 높게 분포하는 것으로 추정된다.

나. 수용모델을 이용한 대기오염물질의 측정소별 특성

대기오염물질의 특성을 이해하기 위해서는 지리적 위치에 따른 오염물질의 분포와 더불어 통계적 기법을 활용하여 대기자동측정망의 대기오염물질 거동을 이해할 필요가 있다. 본 연구에서는 주성분분석(Principal Component Analysis, PCA)과 군집분석(Cluster Analysis)을 이용하여 측정소 위치에 따른 대기오염물질의 영향을 평가하였다. 주성분분석에서 오염원과 관련된 인자의 수는 고유치(Eigenvalue>1)를 기준으로 결정할 수 있다. 주성분 분석은 대상오염물질의 특성이 유사한 측정소를 분류하는 것으로 SO_2 성분은 4개의 인자가 결정되었다(표 2). 주성분 분석의 4개 인자를 통한 SO_2 성분은 측정소별 유사성을 약 70% 설명하였다. 인자 4의 북서 지역의 SO_2 평균 농도가 8.59ppb로 가장 높았으며, 인자 3 동쪽 지역이 3.42ppb로 가장 낮게 분포하였다.

NO_2의 주성분분석 결과는 3개 인자로 결정되었다. NO_2의 인자 1은 중북부 지방에서 분포하였으며 약 67%의 측정소들이 포함되었다. 인자 2는 남서 지역에 위치한 2곳의 측정소에서 유사성이 관측되었으며 인자 3은 동남부 지역에서 유사성이 나타났다. NO_2의 평균 농도는 인자 1에서 28.8ppb로 가장 높았으며, 인자 2와 인자 3은 20ppb 수준으로 차량 통행이 낮은 지역의 특성을 나타내었다. O_3과 CO 그리고 PM10 성분은 고유치가 1 이상인 경우는 인자 1에만 해

당하였으며, 대부분 50% 미만의 측정소 유사성을 나타내었다. O_3과 CO 그리고 PM10 성분의 인자 1은 각각 중북부, 동부 그리고 남서부 지역에서 유사성이 높은 것으로 평가되었다. O_3을 포함한 세 성분의 인자 2의 경우는 남부지역과 서부지역 그리고 북동 지역에서 유사성이 있는 것으로 조사되었다.

O_3의 경우 인자 1은 O_3 전구물질인 NO_2 농도가 높은 지역인 중북부 지역인 반면 인자 2의 남부 지역은 풍하지역에 위치하여 O_3 농도가 인자 1에 비하여 약 12% 높았다. CO는 인자 1의 동부지역에서 인자 2의 서부지역에 비하여 약 11% 높았으며, PM10은 인자 1의 남서부 지역보다는 인자 2의 북동 지역에서 약 17% 높게 분포하였다. 군집분석을 이용하면 대기오염물질의 농도 특성에 따라서 측정소의 공간 분포를 그룹화 할 수 있다. SO_2 성분의 군집 분석 결과는 5개의 그룹으로 결정되었다(그림 5). 주성분분석에서와 같이 북서지역에 해당하는 I, IV, V 그룹의 SO_2 농도가 가장 높았으며, 특히 V 그룹이 I과 IV 그룹의 평균보다 약 16% 높은 지역으로 평가되었다(표 3).

NO_2 성분의 경우는 4개 그룹으로 결정되었으며, 농도가 가장 높은 지역은 멕시코시티 중심지역인 II 그룹으로 결정되었다. 그리고 멕시코시티의 주변 지역인 북부와 서부의 III 그룹과 멕시코 동부지역과 남부지역을 포함하는 IV 그룹이 농도가 낮게 분포하였다. NO_2 성분의 경우 주성분 분석에서 ATI 측정소가 다른 지역과 분별되지 않았지만, 군집분석에서는 도시지역 II 그룹과 주변 그룹인 III 그룹과 뚜렷한 농도차이를 나타내었다. O_3은 6개의 그룹으로 결정되었으며, 멕시코시티의 남부와 동부 지역인 V와 VI 그룹에서 가장 높게 분포하였다. 전구물질의 주 배출원인 II 그룹과 III 그룹은 O_3 농도가 낮은 반면, 전구물질 배출원의 풍하방향에 위치한 IV 그룹에서는 점차적으로 O_3 농도가 증가하였다. O_3 농도가 가장 높은 V 그룹의 경우 남

<표 2> 대기오염물질에 대한 주성분 분석 결과

	SO_2 Factor				NO_2 Factor			O_3 Factor		CO Factor		PM10 Factor	
	1	**2**	**3**	**4**	**1**	**2**	**3**	**1**	**2**	**1**	**2**	**1**	**2**
ACO	0.10	-0.03	**0.75**	0.13	**0.75**	-0.07	0.44	**0.75**	0.56	0.46	0.45	0.32	**0.73**
ATI	-0.11	0.40	0.04	**0.79**	**0.60**	0.14	0.09						
CAM					**0.75**	0.46	0.28	**0.75**	**0.62**	0.55	**0.71**	**0.71**	0.46
CHO	0.11	0.20	**0.75**	-0.08	0.20	0.13	**0.82**	0.47	**0.79**	**0.77**	0.33		
COY					0.50	**0.59**	0.50	**0.61**	**0.76**				
CUA	0.05	**0.81**	-0.04	0.21	0.50	0.41	0.27	0.51	0.78				
FAC	-0.09	0.48	0.05	**0.74**	**0.74**	0.52	0.02	**0.76**	0.58	0.38	**0.79**	**0.60**	0.55
IZT					**0.62**	0.49	0.48	**0.65**	**0.73**			**0.73**	0.50
LLA	**0.68**	-0.04	0.30	0.45	**0.77**	0.14	0.43	**0.82**	0.52	**0.72**	0.47		
LPR	**0.62**	0.20	0.37	0.21	**0.79**	0.26	0.25	**0.83**	0.49	**0.65**	0.58		
MER	**0.79**	0.23	0.03	0.36	**0.71**	0.43	0.40	**0.72**	**0.66**	**0.66**	**0.60**	**0.74**	0.49
MON	0.15	0.05	**0.80**	0.12	0.51	-0.06	**0.70**	0.58	**0.72**	**0.84**	0.15		
NEZ	**0.78**	0.09	0.29	0.13						**0.73**	0.44		
PED	0.10	**0.84**	0.10	0.12	0.39	**0.72**	0.39	0.57	0.78	0.19	**0.83**	**0.87**	0.16
SAG								**0.79**	0.57				
SJA	**0.78**	0.21	0.21	0.20	**0.76**	0.22	0.46	**0.73**	**0.64**	**0.77**	0.46		
SUR	0.41	**0.60**	0.10	0.34	0.43	0.54	0.59	0.59	**0.78**	0.57	0.49	**0.71**	0.40
TAH	0.34	0.40	**0.60**	0.05	0.16	0.32	**0.81**	0.49	**0.81**			**0.70**	0.30
TLA	0.33	0.13	0.06	**0.83**	**0.77**	0.45	0.20	**0.80**	0.55	0.42	**0.83**		
TLI	0.49	-0.03	0.10	**0.73**	**0.85**	0.17	0.31	**0.83**	0.51	**0.60**	**0.65**	0.37	**0.79**
TPN	0.09	**0.75**	0.30	0.01	-0.03	**0.88**	0.04	0.44	**0.85**				
UIZ	**0.77**	0.27	0.22	0.07	0.50	0.37	**0.66**	0.61	**0.76**	**0.63**	0.59	**0.80**	0.40
VIF	0.54	-0.04	0.17	**0.61**	**0.85**	0.01	0.34	**0.84**	0.48	**0.63**	0.54	0.25	**0.87**
XAL	**0.72**	0.08	0.34	0.18	**0.80**	0.24	0.33	**0.82**	0.52	**0.77**	0.49	0.43	**0.70**
eigenvalue	8.25	2.54	2.11	1.27	13.96	1.70	1.40	19.64	0.66	11.56	0.88	7.73	0.91
%	24.01	15.63	13.95	17.29	63.43	7.74	6.36	47.91	44.37	39.62	33.53	40.00	32.05

<그림 5> 대기오염물질을 대상으로 분석한 군집분석 결과

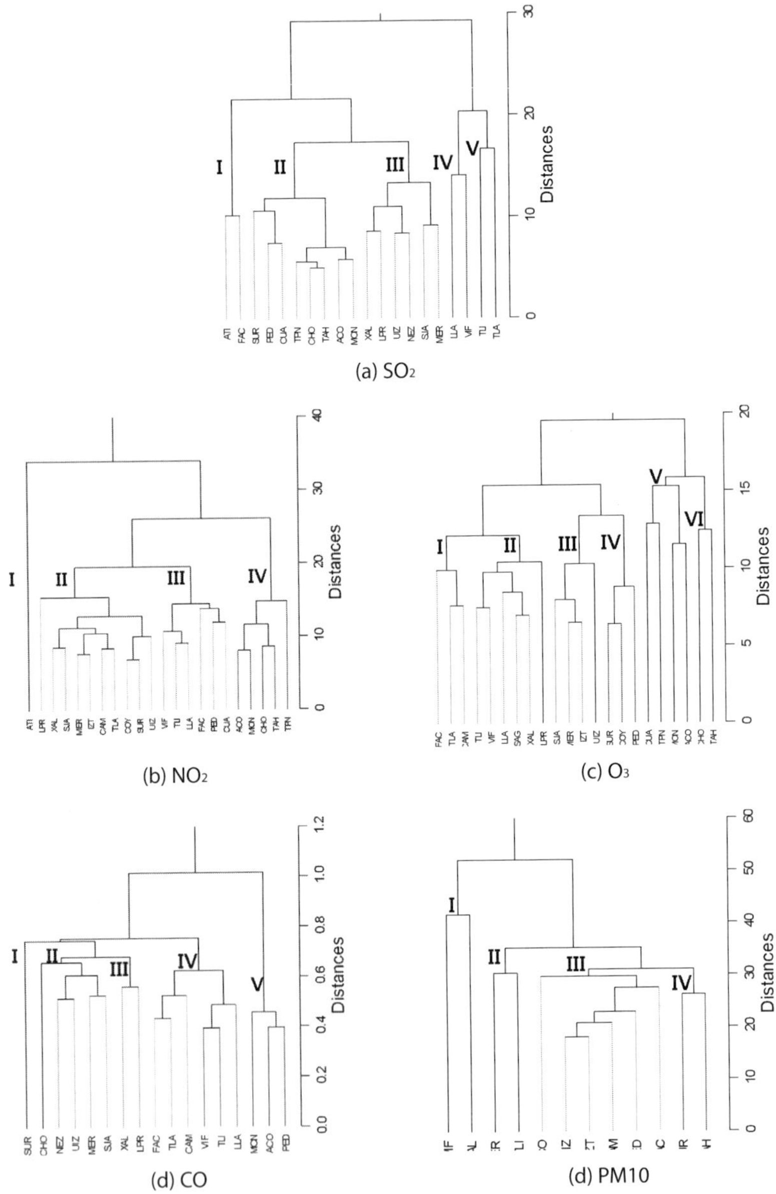

(a) SO_2

(b) NO_2

(c) O_3

(d) CO

(d) PM10

부지역인 CUA와 TPN 측정소와 동부 지역인 MON 과 ACO 측정소가 동시에 증가하는 특성을 보였다. 본 연구에서는 멕시코 서부 지역의 FAC와 TLA 그리고 CAM 지역이 배경지역으로 가능성이 높을 것으로 평가되었다. CO 성분은 5개의 그룹으로 결정되었으며, 동부 지역인 ACO와 MON 측정 지역이 서부지역에 비하여 2배 낮은 농도를 나타내었다. 주성분 분석에서는 동부지역과 서부지역으로 농도 분포가 판별되었으나 군집 분석에서는 멕시코 중부와 주변지역으로 구분되었다. 그리고 청정 지역으로 분류되는 CHO 측정소에서 CO 농도가 높은 특성을 보였다. PM10은 북부와 남부 지역으로 농도 분포를 이루었으며 4개 그룹으로 결정되었다. 농도 분포가 큰 지역은 중부 지역 보다는 북부지역이었으며, 남부 지역은 가장 낮은 농도분포를 나타내었다.

<표 3> 대기오염물질의 군집 분석 결과에 따른 평균 농도 분포

항목	그룹					
	I	II	III	IV	V	VI
SO_2	7.99	4.12	5.82	7.59	9.34	-
CO	1.00	0.94	0.94	0.80	0.49	-
NO_2	30.97	32.81	24.99	17.26	-	-
O_3	25.62	27.50	26.23	29.25	32.22	31.58
PM10	65.80	52.99	45.01	43.32	-	-

풍속은 대기오염물질의 광화학 반응을 위한 체류시간을 결정하기 때문에 대기자동측정소의 대기농도에 영향을 미칠 수 있다. 그룹 I.1은 기체상 오염물질(SO_2, CO, NO_2, O_3)의 농도가 낮게 분포하였으며(그림 6, 표 4), 바람은 남동풍의 풍속이 낮은 청정한 바람이 유입되는 측정소의 특성을 나타내었다(그림 7). 그룹 I.2는 ACO 측정소로 대부분의 오염물질이 가장 낮은 분포를 나타내었으며, 이는 오염원이 적은 북

풍계열의 바람이 주풍향을 이루고 풍속은 가장 빠른 지역적 특성에 기인하고 있다. 그룹 II.1은 SO_2와 NO_2의 연평균 농도가 가장 높았으며, CO와 PM10 농도도 높게 측정된 지역이다. 이 그룹은 지리적으로 중서부에 위치하고 있으며, 주풍향인 북풍의 영향으로 북부 지역의 오염물질의 영향이 클 것으로 평가되었다. 그룹 II.3 지역은 북풍

<그림 6> 풍속에 대한 군집 분석

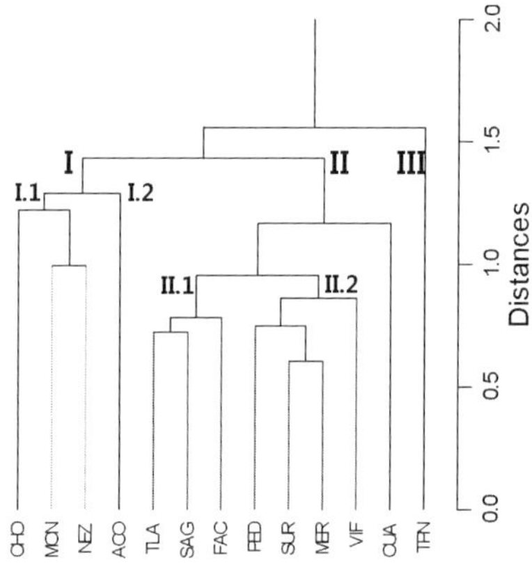

<표 4> 풍속의 군집 분석 결과에 따른 기상과 오염물질의 평균 농도 분포

항목	I		II			III
	1	2	1	2	3	
ws(m/s)	2.1	2.4	2.0	2.2	2.2	2.4
SO_2(ppb)	4.23	2.91	7.60	6.17	5.14	3.41
CO(ppb)	0.76	0.48	0.82	0.84	0.58	0.79
NO_2(ppb)	20.53	14.98	29.65	28.44	22.31	17.65
O_3(ppb)	29.97	29.92	26.82	28.42	33.86	32.53
PM10 (ug/m^3)	62.14	41.44	51.64	50.59	-	-

<그림 6> 풍속의 군집분석에 따른 풍향 변화

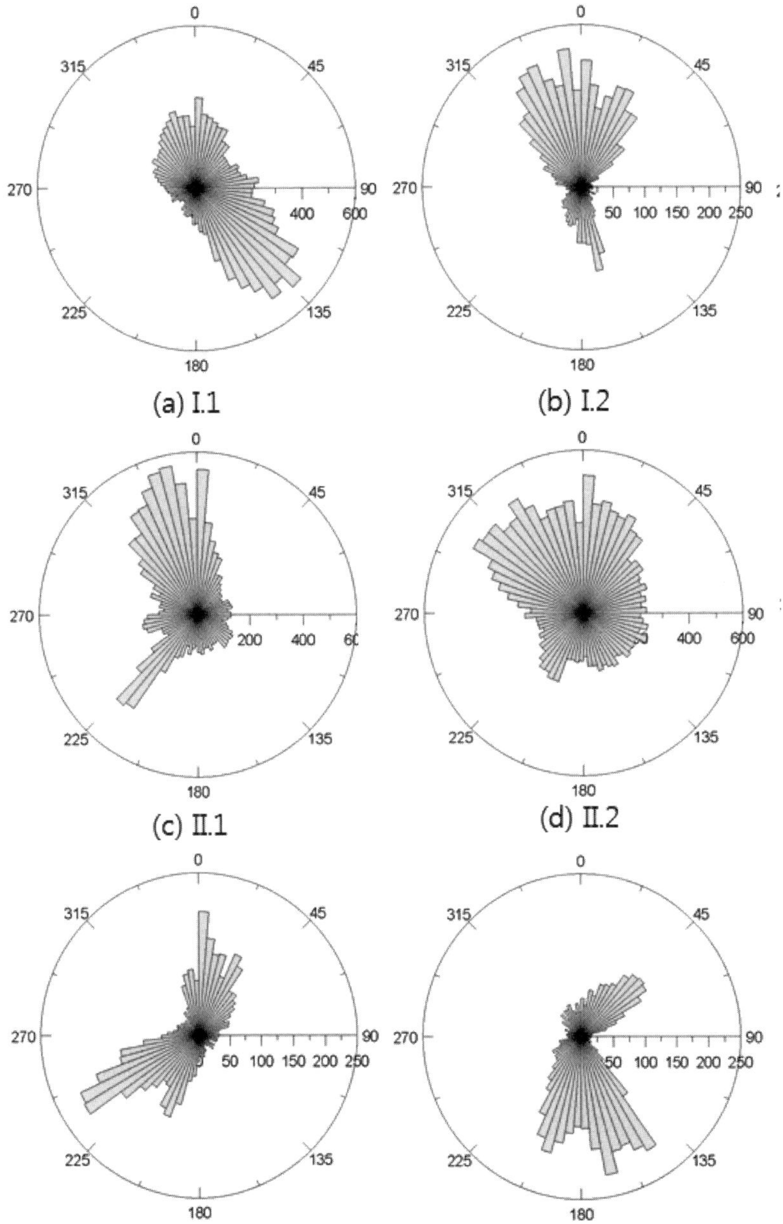

(a) Ⅰ.1 (b) Ⅰ.2

(c) Ⅱ.1 (d) Ⅱ.2

(e) Ⅱ.3 (c) Ⅲ

과 서풍 계열의 낮은 풍속의 바람이 주로 영향을 끼치고 있어서 중부 지역의 오염물질과 유입되어도 서부 지역의 청정공기 유입으로 희석 효과가 있을 것으로 추정된다. 그룹 III 지역은 풍속이 상대적으로 빠른 지역으로 O_3을 제외한 기체상 물지의 농도가 대부분 낮게 분포하였다.

04 멕시코 정부의 멕시코시티 대기오염 저감 정책의 발전과 한계

멕시코시티의 대기오염에 대한 정책과 제도의 도입은 실질적으로 1971년 멕시코 정부의 '환경오염 통제 및 예방을 위한 연방법(Federal Law for the Prevention and Control of Environmental Pollution)' 제정에서부터 확인할 수 있다(하상섭 2010). 1982년에는 환경보호 연방법이 제정된 데 이어 1984년에는 이를 수정해 멕시코 환경정책 최초로 '대기질 모니터링 시스템'의 제도적 도입이 허용되었다. 이를 관리 및 운영할 수 있는 기구로서 1985년 '국가생태위원회(National Commission on Ecology)'가 설립되었다. 하지만 1980년대 초반 멕시코의 경제위기(특히 1982년 외채위기와 이의 중남미 지역 확산), 1985년에 발생한 멕시코시티의 대지진 등의 영향으로 제도적 이행은 한참 뒤로 미루어졌다. 국내외적 정치경제 불안정이 환경(특히 대기 환경)에 대한 정책적 관심을 밀어냈다. 하지만 이러한 후퇴에도 불구하고 1980년대 중반부터 멕시코시티의 대기오염은 일반 시민들이 일상생활을 위협할 정도로 점점 증가했으며, 특히 오존의 정도도 엄청나게 증가하여 거의 400ppb에 육박해 세계에서 가장 대기오염이 심각한 도시로 등장했다(Molina 2004).

1980년대 중반이후 멕시코 정부의 다양한 제도와 정책 발전에서 가장 획기적인 변화는 대기오염의 정책적 해결과 그 책임을 국가, 연방 그리고 지방정부 등이 같이 공유함을 제도화한 1988년 '생태균형 및 환경보호 일반법(ley general del equilibrio ecológico y la protección al ambiente; LGEEPA)'의 등장이다. 이를 계기로 멕시코 정부는 대기오염 저감 정책 이행을 위해 다양한 프로그램들은 도입해 적극적으로 대응하기 시작했다(Molina 2004: 29; 하상섭 2010). 멕시코 정부의 가장 기본적인 대기오염 통제 및 규제의 방향은 일반 교통 분야에서 좀 더 강도 높은 수준으로 그리고 다양한 프로그램 도입을 통해 진행되어 왔다. 예를 들어 대기오염통제 고안 장치 도입과 오염배출이 적은 엔진으로 국가가 운영하는 공용버스들의 교체, 도시의 전기를 이용한 교통 수단 및 네트워크 확대(지하철과 시내 전차 포함), 특히 획기적인 프로그램으로 1989년 도입된 일일 차량 제한(Hoy No Circula; 일명 HNC 프로그램으로 차량 번호판에 따라 일주일에 하루는 운행을 금지)정책은 20%에 달하는 일반 차량들의 운행을 금지하는 효과를 보기도 했다. 이 외에도 교통 차량들의 배기가스 검사제(일명 I/M; Inspection and Maintenance, 1988년 시행) 시행, 대기 오염이 높은 날에는 산업 활동과 차량 운행의 제한 제도 도입, 등이 눈에 띄며, 지역적 차원에서는 대기오염의 주요 원인을 제공하는 '바예 데 멕시코(Valle de México)' 지역의 전력 플랜트들을 기존의 석유 연료 사용에서 천연가스 연료로 점진적 전환, 고(高)오염 산업들의 시외 지역으로 분산 배치(Molina 2004: 29; 하상섭 2013) 등의 규제 및 저감 조치들을 시행해 왔다. 특히 이러한 대기오염 저감 정책의 이행 및 다양한 프로그램의 도입은 멕시코 정부가 기술적인 면에서 그리고 금융적인 차원에서 국제협력을 받아 1990년-1995년 사이에 새로 도입한 '대기오염방지 통합프로그램(Programa Integral contra Contaminación del Aire; PICCA)'으로 발전 이행되었다. 1990년대 중반(1996년)에는 이러한 통합 프로그램(PICCA) 프로그램의 연장선에서 'PROAIRE(쁘로아이레; 친-대기)' 프로그램 및 정책이 도입된 바 있다. PROAIRE는 5년을 목표 기간으로 멕시코시티 대기에서 탄화수소, NOx, 입자방출을 줄이는 목표를 가지고 있었으며 동시에 오존 농도 감소는 물론 오존 피크를 줄인다는 구체적인 사항을 담고 있을 정도로 정책은 구체화 그리고 대기오염 물질의 대상화를 통해 과학적으로 관리되기 시작했다(3장 (2)절 참조).

멕시코 정부는 위와 같은 구체적인 대기오염 저감의 방향과, 집중대상 관리 그리고 다양한 대응 프로그램 개발을 통해 정책의 변화는 물론 이를 실현할 제도 발전을 통해 멕시코시티의 대기질 개선을 위해 노력해 왔음을 볼 수 있다. 이를 좀 더 종합해 보면, 한편으로는 멕시코 정부의 대기질 개선에 대한 정책의 방향과 구체적 행동 프로그램들은 기본적으로 차량에서 오염 배출 저감, 교통 연료 개선과 저탄소 에너지로의 점진적인 전환을 중심으로 하면서, 다른 한편으로는 산업 부문이나 상업 부문에서 발생하는 배출을 줄이는 산업 구조조정(산업이전) 프로그램과 규제 정책을 개발해 왔으며(예를 들어, 산업 플랜트 이전 배치), 이를 실현할 수 있는 정부 차원의 재정 지원 및 세금 혜택을 통해 청정 기술 개발 등에 대한 노력을 강화해 왔음을 알 수 있다. 이외에도 대기질 개선과 관련된 토지이용(Land Use) 분야 및 교통 분야에서 메트로폴리탄 정책들의 통합 노력, 생태 복원과 산림복원 및 산림 화재 예방 프로그램의 시행, 대기오염 저감 관련 환경교육 리서치 프로그램의 도입, 환경보호 규제 제도의 강화 등을 통해 지속적으로 대기오염을 낮추고 대기질 개선을 위해 다양한 정책을 노력을 해오고 있다(하상섭 2013).

위의 3장 (2)절의 '수용모델을 이용한 대기오염물질의 측정소별 특성'에서 보여 지듯이 오늘날 멕시코 정부의 대기 저감에 대한 몇몇 성과들을 보면, 일산화탄소와 아황산 수준이 기준치 이하로 관리되고 있으며 이는 특히 교통 분야에서 엄격한 자동차 공해방지용 촉매변환장치(catalytic converter)의 도입과 자동차 연료 사용의 저탄소용 에너지원 활용 등에서 기인하는 바가 크다고 할 수 있다. 따라서 그동안 멕시코 정부가 추진해 온 대기오염 저감 정책들 중에 특히 주목해 봐야 하는 정책과 프로그램 선호도는 대부분 대기오염원 규제 정책들이 주를 이루어 왔는데, 특히 교통부문에서 차량의 이용에 대한 규제와 이의 대기 오염원 배출 방지 노력이 주된 정책 및 프로그램들이었다.

이와 더불어 멕시코 정부의 대기질 개선에 대한 정책적 노력은 새로운 영역으로 진전하고 있다. 예를 들어, 그동안 정부가 일방적으로 통제해(일부 국제협력이 존재하지만) 오던 대기오염 정책 및 프로그램의 이행이 이제는 멕시코의 일반 시민사회와 공유되기 시작한 점이다. 특히 정부의 대기 모니터링 정보가 일반 시민사회 구성원들과 공유되면서 대기환경의 중요성 인식의 발전은 물론 정부-민간 상호 공동 감시 시스템 구축을 통해 대기오염 저감 분야에서 새로운 거버넌스의 틀을 구축해 오고 있다. 예를 들어 '대기질의 메트로폴리탄 지수(IMECA)'의 상호 정보 공유 시스템 구축은 멕시코시티 일반시민들의 대기환경에 대한 알권리 보장과 환경권을 보존해 주는가 하면 다양한 시민사회의 의견을 반영하여 대기오염 저감 정책의 미래 정책적 효율화를 높이고 있다.

멕시코 정부의 위와 같은 노력들에도 불구하고 향후 멕시코의 대기오염 저감 정책 발전은 지금처럼 특정한 부문(교통)에 대한 집중에서 점차 다른 부문(산림, 생태)들과 통합적으로 연결된 정책 마련으로 확대되어야 한다. 특히 이를 통합적으로 관리할 수 있는 다른 부문들과 연계된 제도 발전도 지속적으로 고민해야 하는 과제이다. 산적한 미래 도전 과제들과 정책 발전의 한계들은 물론 존재한다. 많은 멕시코 대기과학 분야 전문가들이 지적하고 있듯이, 대기오염 모니터링 기술 발전 분야에서 우수한 인적자원(대기 모니터링 전문가, 대기오염 분석 전문가 등)이 부족한 상황이다. 이 분야 미래 전문가 양성은 이 분야에 대한 연구개발(R&D) 투자의 확대를 통해 가능하며(G.B.Raga et al., 2000: 4055; 하상섭 2013), 특히 대기 모니터링 기술과 금융적 지원의 강화는 시급한 상황이다. 국내적으로 약한 인프라 그리고 미래 연구개발 투자의 필요성 차원에서 그리고 멕시코 대기과학 분야의 미래 통합적 제도 발전을 위한 현재의 대안은 국내의 노력들과 더불어 국제적인 환경협력 차원의 다양한 노력이 필요하다. 21세기 멕시코의 국내 대기과학 분야 발전 및 시민사회와의 공동협력 그리고 국제협력의 강화를 통해 새로운 대기환경 거버넌스의 구축이 요구된다.

05 결론: 평가와 전망

멕시코시티는 해발 2,240m에 위치해 있으며, 1,000km^{2}에 이르는 광활한 분지에 2천 만 명의 인구가 거주하는 대도시로 심각한 대기오염을 경험한 지역이다. 1971년 멕시코 정부는 '환경오염 통제 및 예방을 위한 연방법' 제정을 시작으로 1988년 '생태균형 및 환경보호 일반법' 그리고 1990년-1995년 사이 '대기오염방지 통합프로그램' 시행과 1996년 'PROAIRE' 프로그램을 도입하여 획기적 대기질 개선을 이루었다. 현재는 대기질 개선의 문제를 일반 시민사회 구성원들과 공유하면서 대기환경의 중요성과 공동 감시 시스템을 통해 대기오염 저감에 대한 정책적 거버넌스를 구축해 오고 있다.

대기 과학적 분석을 통해 살펴본 결과, 특히 멕시코시티의 13개 기상 측정망에 따르면 연평균 풍속은 2m/s로 낮았으며, 풍향의 40% 이상은 북풍으로 시의 중북부 지역에서 주로 발생하였다. 정부의 자동차 운행일수 제한과 대기환경기준 수립 그리고 연료 품질 개선 등 다양한 정책을 통하여 대기오염자동측정망을 구축한 1986년 이후 SO_2와 CO 그리고 NO_2 성분이 각각 87%, 80% 그리고 39% 감소하였다. 멕시코시티는 지역별로 대기오염물질의 영향이 상이한 것으로 평가되었다. 대기자동측정망(RAMA)은 방위에 따라 5개 권역으로 구분하고 있으며, 북서지역은 SO_2 성분의 분포가 높았고 중부지방은 CO와 NO_2 그리고 PM10 성분이 높게 분포하였다. 주성분분석으로 SO_2 농도는 5개 인자로 결정되었으며 북서 지역에서 고농도로 분포한 반면 남부와 동부 외곽지역에서는 매우 낮은 농도분포를 나타내었다. NO_2의 경우 3개 인자로 결정되었으며, 교통량 차이에 따라서 측정소별 농도 분포가 달라졌고 67%가 중북부 측정소에 밀집되었다.

대기오염물질에 따른 측정소간 유사성을 평가하기 위한 군집 분석을 통해 SO_2 성분은 5개 그룹으로 분류되었고 북서지역에 위치한 측정소에서 유사성이 가장 높았다. NO_2의 군집 분석에서는 4개의 그룹으로 분류되었으며 측정 지역 중 교통량이 많은 중부 지역과 도시외곽의 차이가 뚜렷하였다. 6개 그룹으로 분류된 O_3은 NO_2 농도 분포가 많은 측정소에서는 낮게 분포한 반면 풍하지역인 남서부 지역과 동부지역에서는 최대로 관측되었다. 입자상물질인 PM10은 북부지역과 남부지역으로 농도 분포가 차별화 되었다. 풍속에 따른 대기오염물질 분포는 배경지역을 제외하면 풍속이 낮은 중서부 지역에서 대기질이 악화되었으며 이는 북부지역의 오염원이 북풍이 주풍향인 이 지역에 영향을 추가적으로 끼친 것으로 추정된다. 군집 분석 결과 배경지역으로 알려진 북동부 지역에서 연평균 O_3농도가 다른 지역에 비하여 높게 분포하였다. O_3과 PM10 성분 역시 대기측정망 운영 이후 각각 18%씩 감소한 반면, 최근 5년 동안의 연평균 농도는 증감을 반복하고 있고 중남미의 다른 대도시와 비교하면 여전히 대기질 개선이 필요한 상황이다. 따라서 인간의 건강과 밀접한 관련을 갖는 두 물질에 대하여 향후 멕시코시티의 시·공간적 연구가 필요할 것으로 사료된다. 더불어 멕시코 정부가 이행해 오고 있는 다양한 대기질 개선 정책들과 제도들의 발전과 이의 정책적 성과 분석도 이후 연구의 지속성 차원에서 그리고 멕시코의 미래 환경 거버넌스 발전 차원에서도 연구는 필요하다.

참고문헌

하상섭. 2010. "멕시코 환경보호와 환경법의 제도적 발전과 한계." 외국법제정보, pp. 68-79.

하상섭. 2013. "멕시코의 기후변화 대응 및 저탄소 정책 발전 현황과 한계 분석." 대외경제정책연구원(KIEP) 전략지역심층연구 논문집(출판예정 2013.12.30).

Bell, M.L., Davis, D.L., Gouveia, N., Borja-Aburto, V.H., Cifuentes, L.A. 2006 "The avoidable health effects of air pollution in three Latin America cities: Santiago, Säo Paulo, and Mexico City." Environmental Research 100, 431-440.

Bravo, A.H., E.R. Sosa, A.P. Sánchez, P.M. Jaimes, R.M.I. Saavedra 2002, "Impact of wildfires on the air quality of Mexico City: 1992-1999." Environmental Pollution, 117, pp. 243-253.

Davis, L.W. 2008, "The Effect of Driving Restrictions on Air Quality in Mexico City." Journal of Political Economy, 116(1), pp. 38-81.

Fernández-Bremauntz, A. 2008 "Air quality Management in Mexico." Journal of Toxical Environ Health A. 71, 56-62.

Gallardo, L., Escribano, J., Dawidowski, L., Rojas, N., Andrade, M.F, Ossess, M. 2012 "Evaluation of vehicle emission inventories for carbon monoxide and nitrogen oxides for Bogotá, Buenos Aires, Santiago, and São Paulo." Atmospheric Environment 47, 12-19.

Green, J., Sánchez, S. 2013 "Air quality in Latin America : An Overview." Clean Air Institute.

Grice, S., Stedman, J., Kent, A., Hobson, M., Norris, J., Abbott, J., Cooke, S. 2009 "Recent trends and projections of primary NO2 emissions in Europe." Atmospheric Environment 443, 2154-2167.

Jazcilevich, A.D., García, A.R., Ruíz-Suárez, L.G. 2003 "A study of air flow patterns affecting pollutant concentrations in the Central Region of Mexico." Atmospheric Environment 37, 183-193.

Khalil, B. and Ouarda, T. B. M. J. 2009 "Statistical approaches used to assess and redesign surface water-quality-monitoring networks." Journal of Environmental Monitoring 11, 1915-1925.

Lu, W.-J., He, H.-D., Dong, L.-y. 2011 "Performance assessment of air quality monitoring networks using principal component analysis and cluster analysis." Building and Environment 46, 577-583.

Mavroidis, I., Chalolakou, A. 2011 "Long-term trends of primary and secondary NO2 production in the Athens area. Variation of the NO2/NOx ratio." Atmospheric Environment 38, 6872-6879.

Molina, L.T., Mario J. Molina, and Robert S. Slott. 2004, "Air Quality in Selected Megacities: MEXICO CITY METROPOLITAN AREA." Journal of the Air & Waste Management Association 54(12), pp.26-33.

O'Neill, M.S., Osornio-Vargas, A., Buxton, M.A., Sánchez, B.N., Rojas-Bracho, L., Castillo-Castrejon, M., Mordhukovich, I.B., Brown, D.G., Valdillo-Ortega, F. 2013 "Air pollution, inflammation and preterm birth in Mexico City: study design and methods." The Total Environment 448, 79-83.

Pires, J.C.M., Sousa, S.I.V., Pereira, M.C., Alvim-Ferraz, M.C.M., Martins, F.G. 2008 "Management of air quality monitoring using principal component and cluster analysis-Part II : CO, NO_2 and O_3." Atmospheric Environment 42, 1261-1274..

Raga, G.B., D. Baumgardner, T.Castro, A. Martínez-Arroyo, R.Navarro-González. 2001. "Mexico City Air Quality: Aqualitative Review of Gas and Aerosol Measurements. 1960-2000." Atmospheric Environment 35, pp. 4041-4058.

Reddy, M.S., Venkataraman, C. 2002. Inventory of aerosol and sulphur dioxide emissions from India : I-Fossil fuel combustion. Atmospheric Environment 36, 677-697.

Romero-Lankao, P., Qin, H., Borbor-Cordova, M., 2013 "Exploration of health risks related to air pollution and temperature in three Latin American cities." Social Science & Medicine 83, 110-118.

UN. 1992 "Urban Air Pollution in Megacities of the World Black Well," Oxford

Velasco, E., Pressley, S. 2005 "Measurements of CO_2 fluxes from the Mexico City urban landscape." Atmospheric Environment 39, 7433-7446.

Villareal, O.E., Quiroz, C.C., Lillo, J.C., Ramirez, J.R. 1996 "Programa para Mejorar la Calidad del Aire en el Valle de Mexico." Departamento del Distrito Federal Mexico City D.F.

Villasenor, R., López-Villegas, M.T., Eidels-Dubovoi, S., Quintanar, A., Gallardo, J.C. 2003 "A mesoscale modeling study of wind blown dust on the Mexico City Basin." Atmospheric Environment 37, 2451-2462.

브라질 상파울로 시의 미세먼지 발생, 특성 및 정책적 대응 연구

The Study of Characteristics and Policy Response for the Fine Particles in São Paulo city, Brazil

The present study is aimed to evaluate the spatial properties and the meteorological effect of PM10 particles in São Paulo city. The results showed that the annual mean concentrations of PM10 at the 24 air quality monitoring stations ranged from 32 to 45ug/m^3. The highest concentration of PM10 was observed at the CAETA and OSASC stations. In São Paulo city, the prevailing winds on a normal day tend to be from the south-east to north while the dominant wind direction of the daily maximum PM10 concentration is to either be from north to south. Using the back trajectory analysis at the 500 meters during the 72 hours, the winds originated from the Atlantic ocean adjacent to the northern region of Brazil and passed the northern regions of São Paulo state in the PM10 episode period(18. September~19. September). The wind field at the 50 meters above the ground also showed that the winds were from north in the PM10 event. The night time average for PM10 was higher than the day time values and the mean concentration of PM10 of the week also higher than the weekend. This means that the concentrations of PM10 have been affected by the anthropogenic sources in the urban area. PM10 is significantly correlated with PM2.5 at two stations suggesting that the concentration of PM10 and PM2.5 was affected by same sources. This study also infers that the winds from northern inducing PM10 and PM2.5 including PAH from biomass burning.

KEYWORDS

São Paulo city, PM10, Back trajectory analysis, PM2.5, PAH

요 약

본 연구는 상파울로시의 입자상 오염물질의 공간 분포와 관련된 기상 특성을 평가하는 것을 목표로 하고 있다. 상파울로시의 미세먼지는 CAETA 측정소와 OSASC 측정소에서 가장 높게 측정되었으며, 전체 대기자동측정망의 평균농도는 32~45ug/m^3 수준이었다. 주 풍향은 남동풍이었지만, 미세먼지 농도가 높게 측정된 날은 북풍이었다. 미세먼지 농도가 최대로 발생한 9월 18일~9월 19일 동안 상파울로시에 유입한 공기의 72시간 전의 경로 분석 (역궤적 분석)에 따르면, 지상 500 m의 상층 공기는 브라질의 북동지역에 위치한 대서양 연안에서 유래하였으며, 브라질 북부지역을 통과하여 상파울로시에 유입하였다. 지상 50 m의 공기 또한 북부지역을 거쳐서 유입하고 있었다. 주중과 주말의 미세먼지는 주중 농도가 평균 12% 높아서 차량과 같은 인위적 오염물질이 미세먼지 농도에 기여하였다. 인위적 오염물질에서 주로 생성되는 초미세먼지도 미세먼지 농도와 높은 상관성을 보여주어서 상파울로시의 미세먼지는 인위적 오염원의 영향이 높을 것으로 추정할 수 있다. 특히, 풍향이 북풍일 때는 브라질 사탕수수의 60% 이상을 재배하는 상파울로주의 북부 지역에서 사탕수수를 태울 때 발생하는 발암물질(PAHs)이 포함될 가능성이 높을 것으로 추정된다. 오늘날 새로운 시각으로 등장한 에탄올 생산으로 인해 부가적으로 발생하고 있는 부작용(소각과 이의 상파울로 도시로 장거리 이동)의 문제들은 향후 브라질 정부의 대기오염 저감 혹은 미세먼지 정책에서 추가적으로 고려해야 하는 사항으로 등장하고 있다.

KEYWORDS

상파울로시, 미세먼지, 역궤적 분석, 초미세먼지, 발암물질(PAHs)

01 서론

미세먼지는 인간과 생태계에 유해한 대기오염물질로 전 세계 대도시 측정망에서 상시 측정하는 항목이다(An et al., 2013). 대서양에서 50 km 거리에 위치하고 있는 브라질의 상파울로 시는 1,800만 명이 거주하는 대도시로 자동차와 산업시설 같은 대기배출오염원이 산재해 있는 메가시티(mega-city)이다.

세계 2차 대전 이후 급증한 도시화로 인해 인구집중과 산업화로 인해 다양하고 심각한 대기오염을 경험해 오고 있으며 이에 대한 대기과학적 대응 차원에서 늦게나마 1990년 초에 CICPAA(Creation of the Inter Pollution Control of Weather and Air)를 설립하여 대기의 황성분과(미세)먼지 성분 등을 측정, 분석해 정책적 자료로 활용하기 시작했다. 하지만 이보다 먼저 이미 1972년부터는 14개의 대기측정망을 설치하여 이산화황(SO_2)과 스모그(black smoke)를 일일(per day) 단위로 측정하기 시작했으며, 1981년에는 대기자동측정망을 운영해 이산화황과 미세먼지(PM10), 오존(O_3), 일산화질소(NO), 이산화질소(NO_2), 질소산화물(NOx), 일산화탄소(CO), 비메탄계탄화수소(NMHC)를 측정하고 있다. 현재 미세먼지를 관측하고 있는 측정소는 상파울로 시 중심부에 14곳이 설치되어 있다. 시의 인접 지역에는 10곳에서 시간 단위(per time)로 미세먼지를 측정하고 있다.

미세먼지는 가시도와 구름입자의 생성 그리고 강수의 산성화에 영향을 미치는 것으로 잘 알려져 있다(Salma et al., 2002). 또한 대기의 미세먼지 농도가 증가할 경우 호흡기와 심장 질환 그리고 유전적 변형에도 영향을 줄 수 있다. 따라서 미세먼지 농도 증가와 더불어 상파울로 시민들의 건강에 어떤 영향을 미치고 있는가라는 연구들(Mercedes

A. Bravo and Michelle L. Bell, 2011; Diego Velloso Veronez et al., 2012)은 물론, 좀 더 과학적인 차원에서 미세먼지의 화학적 특성을 규명하기 위한 연구들도 진행되고 있다(Künzli et al., 2006; Viana et al., 2008). 이와 동시에 미세먼지 발생에 직접적 원인인 교통 및 에너지연료(특히 자동차)와의 상관관계(교통정책 대응 포함)를 분석의 중심에 놓은 연구들도 최근에는 많이 증가하고 있다(Haroldo Machado Filho, 2001; Oswaldo Lucon and José Goldemberg, 2010). 예를 들어, 브라질 정부는 1980년 초부터 기존 화석연료에 대한 대체에너지원으로 바이오연료(에탄올)을 자동차용 연료(E100)로 보급함으로써 대기에서 온실가스 배출은 물론 미세먼지를 감축해 오고 있다(Mauro D.Berni and Paulo C. Manduca, 2014). 더 나아가, 바이오디젤과 디젤유의 혼합유(B5)에 따른 미세먼지와 초미세먼지의 특성 연구에서 바이오디젤이 불완전 연소 조건에서 디젤보다 이산화탄소(CO_2) 전환율이 높아서 미세먼지 감소에 기여할 것으로 분석도 존재한다(Mkoma et al., 2004).

하지만 위와 같은 대체에너지원인 바이오연료들 개발과 대기오염 상관관계 연구에서 부정적인 평가와 연구들도 존재한다. 브라질은 미국에 이어 세계 2위의 바이오에탄올 생산국으로 상파울로 주는 브라질 사탕수수의 60%를 생산하고 있다. 상파울로 시에서 230km 떨어진 북서부에 위치한 Araraquara 지역에서는 사탕수수 처리 과정에서 다량의 방향족다환화합물(PAH)이 발생하는 것으로 연구되었다(de Andrade et al., 2010; Silva et al., 2010). Souza and Carvalho, 2013)[1] 또한

1) PAH(다환방향족탄화수소)는 "석유 및 석탄에서 많이 발견되는 화학적 화합물로서 자연분자가 방향족탄화수소로 화학적으로 변환될 때 발생하며 인체 내에서 암을 유발할 수 있고 인간과 동물에게 피부 질환을 일으키며, 인간 발달 및 생식에 유해한 영향을 준다. 인간 활동 및 산업 활동 중(산불 및 특정 지역 소각, 기초 알루미늄 생산, 요리용 오븐, 가정용 난로, 폐타이어 소각, 무단 소각, 주행 차량, 아스팔트 루핑 제조, 산업용 보일러, 숯불구이, 등)에 발생"하는 물질이다.
참고: http://www.nemko.com/ko/services/environmental-impact-environment/

Araraquara 지역에서 발암물질인 PAH의 발생은 대부분 사탕수수 소각에서 기인하는 것으로 평가하였다. Allen et al(2010)은 상파울로 주에서 초미세먼지와 미세먼지의 주성분은 바이오매스 소각에서 각각 43%와 19%가 기인하는 것으로 평가하였다. 초미세먼지는 대기로 다량 배출되는 물질로 제어가 어렵기 때문에 국내뿐 아니라 세계적으로 관심이 높은 대기오염물질이다. 상파울로 시는 4곳의 초미세먼지 측정소에서 실시간 관측을 하고 있다.

본 연구는 위와 같은 미세먼지를 둘러싼 기존 연구들을 확대하여 상파울로 시의 대기 자동측정망 자료를 이용해 미세먼지(PN10)의 공간 분포를 평가하고 특히 기존 연구가 고찰해내지 못하고 있는 기상조건에 따른 고농도 미세먼지의 발생 특성을 분석해보고자 한다. 이를 토대로 현재 상파울로 시의 미세먼지를 포함한 대기오염 저감 정책의 발전과 한계를 고찰해 보고자 한다. 브라질과 같은 개발도상국의 경우, 대기오염(미세먼지 증가)의 증가 원인은 교통 부문에서 '오래된 차량의 도로운행 지속, 에너지 부문에서 쓰레기 및 바이오매스의 소각' 그리고 산업 부문에서 여타 특정 지역의 경제에 특화된 작물 혹은 산업 생산과 더불어, 지역 특유의 자연 환경적 특성이 반영되어 다양한 대기오염 물질 배출에 영향을 준다(Mercedes A. Bravo and Michelle L. Bell, 2011: 74). 예를 들어, 특정 지역의 기후 및 날씨변화 또한 대기오염(미세먼지) 발생에 직·간접적으로 영향을 미치고 있는 원인들이다. 따라서 바람의 방향, 날씨의 패턴, 기상 조건, 등의 변수들도 미세먼지 발생 및 대기오염 물질 분포(시공간) 연구의 특성이나 분석의 통일성을 위해 반드시 고려해야 하는 사항들이다. 본 연구는 이러한 확장된 분석변수들과 분석방법 및 현지의 실질 대기측정 데이터를 활용하여 상파울로 시의 대기오염(미세먼지 및 초미세먼지)의 특성을 파악해

pah-polycyclic-aromatic-hydrocarbons

보고자 한다. 이를 통해 대기오염 정책적 대응 측면에서 발전과 한계를 살펴보고자 한다. 특히 대기과학측정 데이터들을 활용하여 미세먼지의 발생원인과 화학적 특성 분석은 물론 기존 연구들과는 차별화된 상파울로시의 초미세먼지의 발생 원인을 조명해 미래 정책 발전에 일조하고자 한다.

02 중남미 지역 미세먼지 대응: 대기 측정 분야

중남미 지역에서 대기오염을 측정을 위한 자동측정망은 11개 국가(브라질, 멕시코, 에콰도르, 푸에르토리코, 칠레, 페루, 우루과이, 콜롬비아, 볼리비아, 엘살바도르, 도미니카공화국)에서 운영하고 있다(Jang et al., 2014a; Park et al., 2014). 대기자동측정망을 2개 지역 이상에서 운영하는 국가는 멕시코, 브라질, 볼리비아 그리고 콜롬비아가 있으며 각각 6개, 3개, 3개 그리고 2개 지역에서 운영하고 있다. 나머지 국가들은 1곳의 지역을 대상으로 대기자동측정망을 운영하고 있다.

CAI(2013)의 대기자동측정망 자료 분석에 따르면, 중남미지역에서 미세먼지 농도가 가장 심각한 곳은 멕시코의 Monterrey 지역과 Guadalajara 지역으로 연평균 86ug/m^{3}과 70ug/m^{3}으로 관측되었으며, 초미세먼지는 보고타와 산티아고에서 35ug/m^{3}과 32ug/m^3 수준으로 관측되었다. 대부분 국가의 연평균 미세먼지의 환경 기준은 50ug/m^{3}으로 산티아고와 리마 그리고 보고타시도 환경기준을 초과하였다. 초미세먼지의 연평균 환경 기준은 국가별로 10~20ug/m^{3}으로 멕시코의 도시들과 보고타, 리마 그리고 산티아고에서 시민의 건강에 영향을 끼치는 수준이었다.

Mugica et al(2009)은 2006년 3월에 멕시코시티의 미세먼지와 초미세먼지 농도가 51-132ug/m^{3}과 31-70ug/m^3 인 것으로 보고하였으며, 초미세먼지의 42%는 자동차에서 배출되는 오염물질에 기인하는 것으로 보고하였다. López et al(2011)은 2009년 6월~2010년 4월에 아르헨티나 Córdoba 지역의 미세먼지 농도는 평균 101-107ug/m^{3}이며, 초미세먼지는 67-75ug/m^{3}의 수준이라고 밝혔다. 이 지역의 미세먼지와 초미세먼지의 주요 성분도 도로의 차량에 기인하였다. Minguillón et al(2009)의 멕시코 Tijuana 지역에 대한 연구에 따르면 2010년 5월 17일-6월 27일 동안 미세먼지와 초미세 먼지의 평균 농도가 32ug/m^{3}과 17ug/m^{3}으로 낮은 수준이었다. 초미세먼지의 유기화합물 성분 또한 28-33%로 낮았으며, 이는 멕시코시티와 달리 상대적으로 적은 교통량에 기인하는 것으로 추정하였다. Iorquera and Barraza(2013)는 2007년 12월 17일~2008년 1월 20일에 칠레의 북부 사막 지역에서 미세먼지와 초미세먼지의 농도가 평균 161ug/m^{3}과 42ug/m^{3}인 것으로 연구하였다. 그리고 미세먼지와 초미세먼지의 주요 성분은 34-38%가 시멘트 공장에서 발생하고, 22-31%는 토양에서 기인하는 것으로 연구되었다.

중남미 지역의 미세먼지와 초미세먼지 발생 공간은 도시와 사막 등 지역에 따라 농도분포가 달라지는 특성을 나타낸다. 상파울로 시의 경우 중남미 지역의 다른 대도시에 비하여 미세먼지 농도는 최소 43% 낮았으며 초미세먼지의 농도는 유의한 수준이었다. 상파울로 주는 환경기준을 MI1, MI2, MI3, PF로 구분하여 설정하고 있으며, MI1은 현재 준수하여야 할 기준이다. 법령 59113호에 따르면, 미세먼지의 MI1 환경기준은 120ug/m^3(24시간 평균)이며 40ug/m^3(연평균)으로 규정하고 있다. 초미세먼지의 MI1 기준은 24시간과 연간 기준으로 각각 60ug/m^{3}과 20ug/m^{3}을 기준으로 선정하고 있다. 미세먼지의 MI2와 MI3 그리고 PF의 24시간 기준은 100, 75, 50ug/m^3 이고 연간 기준은 35, 30, 20ug/m³ 을 점진적으로 엄격하게 적용할 계획을 명시하고 있다. 초미세먼지의 경우도 24시간 기준으로 50, 37 그리고 25ug/m³으로 정해져 있으며, 연평균 농도는 17, 15 그리고 10ug/m³으로 제한하고 있다. 그리고, 고농도 대기오염 발생을 가정하여 피해 상황에 따라 주의(Attention), 경보(Alert), 응급상황(Emergency)의 3단계로 범주화해 제도적으로 관리하고 있다.

03 상파울로 시의 미세먼지 특성 분석

1) 상파울로 대기오염 발생조건: 기상, 기후, 지리, 교통 및 산업

상파울로는 브라질 산업과 경제의 허브(hub)지역으로 브라질 국내총생산(GNP)의 5분의 1을 담당하고 있는 메가 도시이다. 상파울로 메트로폴리탄 지역의 경우는 40,000개 이상의 대기오염에 영향을 주는 산업 활동이 이루어지고 있으며, 브라질 전체 차량의 약 20%에 해당하는 570만 대의 차량이 운집해 있다(2014). 일일 기준 3백만 대의 차량이 운행하고 있으며, 35만 대에 달하는 운송트럭을 포함하여 1백만 대 이상의 차량이 매일 상파울로 외부에서 이 도시에 진입하고 있다(Mercedes A. Bravo and Michelle L.Bell, 2014: 70). 도시의 대중교통 시스템은 세계에서 가장 복잡한 구조로 이루어져 있고 많은 상파울로 시민들은 이러한 대중교통서비스를 그들의 중요한 교통수단으로 활용하고 있다. 이에 더하여 개인의 사적차량 증가, 광범위한 규모의 대중교통시스템, 빈번하게 발생하는 교통 혼잡 등은 상파울로 대기오염의 주원인이 교통부문에 있음을 쉽게 이해할 수 있다. 기후 및 지리적 조건을 보면 상파울로는 아열대습윤기후 지역에 위치해 있으며 우기는 10월-4월 사이이고 건기는 5월-9월 사이에 있다. 지리적으로 해발 860미터에 위치해 있고 해발 1,200-1,600미터에 달하는 산들이 이 도시를 둘러싸고 있다. 이런 특징으로 상파울로에서는 건기 시에 종종 '기온역전(thermal inversion)' 현상이 발생하며, 상파울로 저지대에 미세먼지를 포함하여(대기) 오염원들을 정체시키는 원인을 제공하고 있다(Mercedes A. Bravo and Michelle L.Bell, 2014: 70).

2) 연구방법 및 데이터 활용

오늘날 상파울로 시는 도시 중심부와 인근 지역에서 24개의 미세먼지 측정망을 운영하고 있다(그림 1). 그리고 도시 외곽 지역에도 20개의 관측소를 운영하고 있다(표 1).[2] 미세먼지의 경우 해염입자와 토양 입자 그리고 자동차 배출원에 기인하는 다양한 오염원의 영향을 받지만, 초미세먼지의 경우는 대부분 산업 활동이나 자동차 배출원에서 기인하는 오염물질이 대부분인 것으로 알려져 있다. 상파울로의 환경규제기구인 CETESB(Companhia de Tecnologia de Saneamento Ambiental, 2012) 보고서에 따르면 2011년 연간 미세먼지 배출량은 4,460톤에 이르고 있으며, 발생원으로는 대형자동차에서 35%로 가장 많았으며, 비산먼지에서 25% 그리고 대기오염물질의 2차 화학반응을 통하여 25%가 발생하였으며 산업단지에서 10%가 발생하였다.

2) 상파울로시의 대기자동 측정망과 관련된 정보와 자료는 CETESB의 측정망 소개(http://www.cetesb.sp.gov.br/ar/Informa??es-B?sicas/24-Configura??es-da-Rede-Autom?tica), 측정소 위치(http://sistemasinter.cetesb.sp.gov.br/Ar/php/ mapa_ qualidade_ rmsp.php), 연간 대기질 보고서 그리고 브라질 실시간 대기질 사이트(http://aqicn.org/map/brazil/) 에서 공개하고 있다.

<그림 1> 상파울로 시 도심과 인접 지역의 미세먼지 측정소 위치

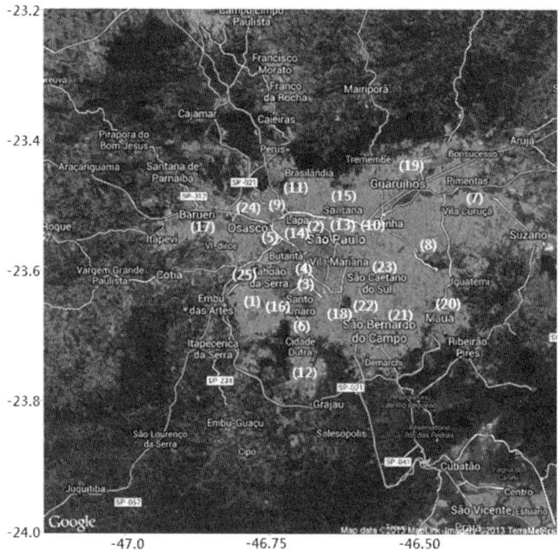

<표 1> 상파울로의 대기측정소

상파울로 시	시 인접지역	외곽지역	연안지역
Capão Redondo(1) Cerqueira César(2) Congonhas(3) Ibirapuera(4) Cid.Universitária USP-Ipen(5)* Interlagos(6) Itaim Paulista(7) Itaquera(8)** Marg. TietêRemedios(9) Moóca(10) Nossa Senhora do Ó(11) Parelheiros(12)* Parque D. Pedro II(13) Pinheiros(14) Santana(15) Santo Amaro(16)	Carapicuíba(17) Diadema(18) Guarulhos-P.Munic. (19) Mauá(20) S. André-P. Munic. (21) S. André-Capuava(22) S.B. do Campo(23) S. Caetano do Sul(24) Osasco(25) Taboão da Serra(26)	Americana Araçatuba Araraquara Bauru Campinas Catanduva Jacareí Jaú Jundiaí Marília Paulínia Paulínia-sul Piracicaba Pirassununga*** Presidente Prudente Ribeirão Preto S. J. do Rio Preto S. J. dos Campos Sorocaba Tatuí	Cubatão-centro Cubatão-V. Parisi Cubatão-V. do Mogi Santos Santos-Ponta da Praia***

*초미세먼지 측정소, **오존 측정소, ***이동측정소

<표 2> 측정소 별 유효 측정자료 비율(%)

측정소명	미세먼지	초미세먼지	온도	풍향	풍속	상대습도
Capão Redondo (CAPAO)	26.9		29.6	29.6	27.4	29.6
Carapicuíba (CARAP)	81.6		84.2	12.1	83.3	84.2
Cerqueira César (CERQU)	94.2					
Congonhas (CONGO)	93.8	89.1				
Diadema (DIADE)	91.7					
Guarulhos Paco Mun (GUARU)	79.5		83.9	83.9	76.4	83.9
Ibirapuera (IBIRA)	98.3			58.9	40.3	
Interlagos (INTER)	83.9		84.2	84.2	83.1	84.2
Cid.Univ USP IPEN (IPEN)		67.3				
Itaim Paulista (ITAIM)	0					
Itaquera (ITAQU)						
Marginal Tietê Pinte dos Remedios (MARGI)	26.5	14.5	26.5	26.5	26.6	26.5
Mauá(MAUA)	84.6					
Moóca (MOOCA)	91.6			73.2	36.2	
Nossa Senhora do Ó(NOSSA)	95.6					
Osasco (OSASC)	99.1			99.2	91.4	
Parelheiros (PAREL)	86.6					
Pinheiros (PINHE)		21.2	98.2	98.7	88.2	
Parque D. Pedro II (PARQU)	95.1					
S.AndréCapuava (CAPUA)	99.6					
S.AndréPaco Mnicipal (PACOM)	97.5					
S.Bernardo do Campo(BERNA)	98.3			64.6	57	
Santana (SANTA)	96.4			96.5	80.4	
Santo Amaro (SANTO)	87.5			79.5	74.3	
Sao Caetano do Sul (CAETA)	98.9		99.7	57.3		99.5
Taboão da Serra(TABOA)	98.4		98.9			90.8

미세먼지는 인구밀도가 높은 도시일수록 농도가 높은 것으로 알려져 있다(An et al., 2013). 그리고 풍향과 같은 기상조건에 따라서 산업단지, 도로, 해양, 토양 등 다양한 오염원의 영향을 받을 수 있다(Alleman et al., 2010). 상파울로 시는 도시 중심부에서 9개의 기상 측정망을 운영하고 있으며, 인접 지역에 7개를 운영하고 있다. 이 중 13곳에서 미세먼지와 풍향·풍속을 함께 관측하고 있다.

상파울로 시에서 측정소별로 관측한 미세먼지의 유효 자료수는 관측일수가 적은 3개 측정소(Itaim Paulista, Capão Redondo, Marginal Tiete Pinte dos 측정소)를 제외하면 대부분 80% 이상이었다(표 2). 초미세먼지의 경우 CONGO 측정소와 IPEN 측정소가 89%와 63%의 유효자료를 확보하였고, 나머지 지역은 유효자료 확보율이 30% 이하로 낮았다. 풍향과 풍속의 경우는 각각 8개와 7개 측정소에서만 75% 이상의 자료가 축적되었다.

3) 상파울로 시의 기상특성 분석 평가

기상은 오염물질의 확산과 이동 그리고 화학반응을 통한 2차 대기오염물질 생성에 중요한 역할을 한다. 브라질에서는 5~6월에 라니냐의 영향으로 예년보다 강수량이 많았다. 8월과 9월에는 이례적으로 남동지역에 고기압이 발달하여 강수량이 낮았다. 상파울로 시의 연평균 온도는 21.2℃로 2월과 12월에 26℃와 25℃ 였으며, 5월~7월에는 월평균 17.8~18.6℃로 분포하였다(그림 2). 새벽에는 평균 16℃ 이상을 유지하였다. 일사량이 강한 12시~15시의 온도는 평균 27℃ 였고, 2월에는 평균 30℃ 였다. 월 평균 온도가 가장 낮은 6월에도 12시~15시의 온도가 21℃를 유지하고 있어서 주간에 대기오염물질의 화학반응으로 인한 광화학 오염물질 생성이 활발할 것으로 추정되었다.

상파울로 시의 연 평균 풍속은 1.9m/s로 낮았다. 9월과 11월에 평균 풍속이 2.1m/s 이었으며, 2월과 6월에는 1.6m/s로 가장 낮게 분포하였다. 시간별 풍속은 13시부터 17시까지 2.3~2.5m/s로 강하였으며, 새벽인 1~7시에는 1.5m/s의 낮았다. 12시부터 15시까지 평균 풍속은 2.4m/s로 새벽보다 약 60% 높았다. 월별로는 12월에 12시~15까지 주간 풍속이 2.7m/s 가장 강한 반면 2월에는 2.1m/s 수준이었다.

습도는 연평균 77%로 조사되었으며, 4~6월에 81~85%로 분포하였으며 7~10월에는 70~75%의 수준이었다. 밤 21시부터 아침 9시까지 습도는 81%~89%였으며, 오전 5시~7시에는 평균 89% 이상 높았다. 일사량이 강한 13시~ 15시에는 연평균 57%~63% 였으며, 6월에는 70% 로 다소 높았고 8월에는 45%로 낮게 관측되었다.

상파울로 시의 13개 기상 측정소의 풍향 자료 중 최종적으로 7개(GUARU, INTER, MOOCA, OSASC, PINHE, SANTA, SANTO) 측정소 자료가 유효하였다. 상파울로 시의 중북부와 중남부에 위치한 SANTA 측정소와 INTER 측정소는 남동풍이 주 풍향이었으며, GUARU 측정소는 동풍이 주 풍향이었다(그림 3). 나머지 측정소들도 대부분 남동풍이 주 풍향을 이루고 있지만, 측정소에 따라서 북동풍(MOOCA), 서풍(OSASC), 남서풍(PINHE), 북풍(SANTO)을 함께 동반하였다.

<그림 2> 상파울로시의 월별 시간별 평균 기상 분포

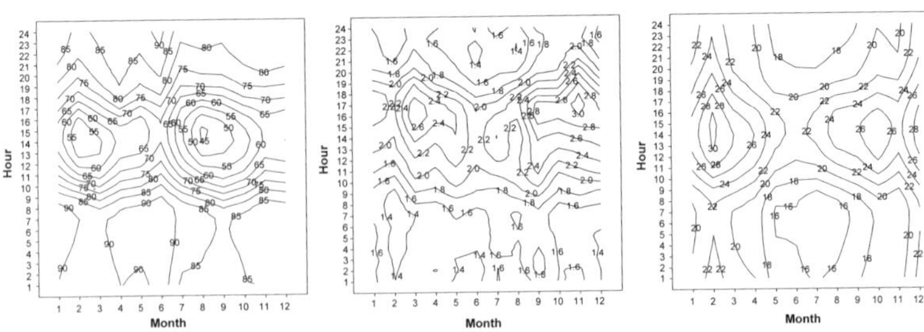

(a) 온도(℃) (b) 풍속(m/s) (c) 상대습도(%)

<그림 3> 기상측정소의 바람 장미

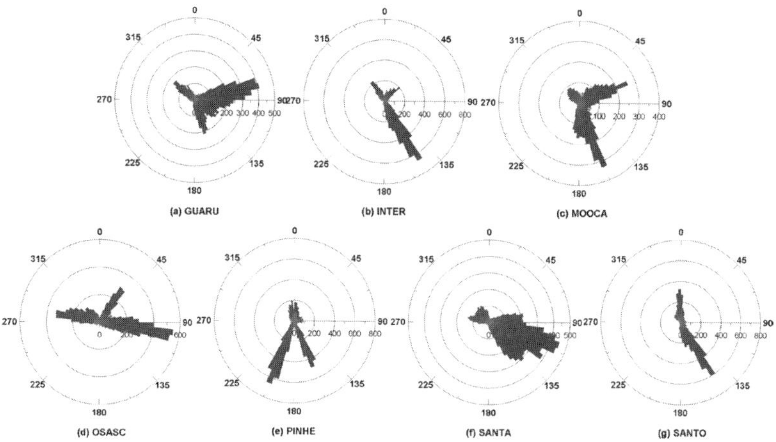

MOOCA 지역의 경우 동풍은 주로 오전 5시~12시에 약 50% 발생하였다. 월별로는 8월에 약 21%의 발생빈도를 나타내었다. OSASC 측정소에서 서풍이 유입되는 경우는 오후 13시~ 18시에 약 32% 정도 발생하였다. 월별로는 7월에 약 15% 정도의 서풍이 유입되었다. PIMHE 측정소의 남서풍은 야간(18시~23시)에 약 32% 발생하였고, 10월~11월에 약 40% 나타났다. SANTO 측정소의 서풍 계열은 11시~13시에서 약 34% 출현하였고, 월별로는 1월,2월, 7월 그리고 12월에 52% 발생하였다.

4) 미세먼지의 농도 분포

상파울로 시의 24개 측정소에서 관측된 미세먼지의 연평균 농도는 OSASC와 CAETA 측정소에서 40ug/m³ 이상으로 연평균 기준을 초과하였고, 나머지 22개 측정소는 32~39ug/m³의 범위에 분포하였다(표 3). 브라질의 MI2 기준(연평균 35ug/m³)을 적용할 경우 상파울로 시의 약 73% 지역에 대하여 그리고 세계보건기구(WHO)의 연평균 기준 (20ug/m^3)을 적용할 경우는 전 지역에 대한 미세먼지 개선책이 필요할 수 있다.

<표 3> 상파울로 미세먼지 자동 측정소의 평균 농도

Month	1	2	3	4	5	6	7	8	9	10	11	12	연간
SANTO	-	32	30	29	27	35	42	40	43	38	24	29	34
BERNA	23	36	35	33	28	29	41	49	51	41	28	26	35
CAETA	27	40	35	32	32	39	54	49	56	47	31	34	40
CAPAO	-	-	-	-	-	-	-	-	47	41	24	29	35
CAPUA	26	41	33	30	30	34	42	43	52	43	30	31	36
CARAP		31	31	29	30	34	45	42	45	37	23	25	34
CERQU	23	35	29	28	26	31	39	38	45	38	27	32	32
CONGO	27	39	36	33	36	37	45	46	50	44	33	31	39
DIADE	24	38	35	33	32	32	43	42	46	42	31	31	36
GUARU	-	34	29	28	26	28	40	39	51	36	24	25	33
IBIRA	22	35	31	30	26	29	42	42	54	39	26	29	34
INTER		31	29	29	25	30	40	39	44	38	25	27	33
MARGI	-	-	-	-	-	-	-	-	59	50	32	41	44
MAUA	26	40	34	29	30	32	43	36	45	39	34	35	35
MOOCA	23	32	29	26	28	34	44	47	49	42	28	30	34
NOSSA	23	34	31	31	31	35	41	46	49	43	30	32	36
OSASC	34	45	42	41	43	47	57	55	54	48	34	37	45
PACOM	28	38	34	32	31	33	46	40	46	39	28	29	35
PAREL	24	34	31	30	37	42	50	47	49	39	26	26	37
PARQU	27	38	34	34	30	32	45	47	45	38	25	27	35
SANTA	23	36	33	33	31	36	44	43	52	46	29	28	36
TABOA	25	35	34	31	34	36	49	45	44	38	25	28	35

유럽연합(EU)과 세계보건기구의 24시간 미세먼지의 환경기준은 50ug/m³으로 상파울로 시의 24개 측정소에 적용할 경우 측정소에 따라서 39~121일이 초과하였다. OSASC 측정소와 CAETA 측정소에서 각각 121회와 87회 발생하고, CARAP와 CONGO 그리고 SANTA 측정소에서 60회 이상 초과하였다.

상파울로 시의 월별 미세먼지의 평균 농도는 7~10월에 41~49ug/m³ 였으며, 11~1월에는 15~30ug/m³으로 낮았다. 월별 미세먼지의 표준편차는 7.4ug/m³으로 9월에 49ug/m³으로 가장 높았고, 1월에 25ug/m³으로 낮았다.

풍속은 오염물질의 확산과 이동에 중요한 역할을 한다. 상파울로 시에서 미세먼지의 농도 분포는 풍속이 강할 경우 감소하는 경향을 보였다. 풍속과 미세먼지의 자료가 유효한 6개 측정소(CARAP, GUARU, INTER, OSASC, SANTO, SANTA)에서 100ug/m³ 이상의 고농도 미세먼지의 발생율은 풍속이 ~1m/s 일 때 51%였으며, ~2m/s 일 때 84% 였다. 풍속이 4m/s 이상인 경우는 고농도 미세먼지의 발생율은 4% 수준이었다. 그러나 200ug/m³ 이상의 고농도 미세먼지의 경우 풍속이 1m/s 이하일 때 12%이었으며, 2m/s 이하는 35%로 나타났다. 그리고 풍속이 4m/s 이상일 때는 23%로 높게 발생하였다.

측정된 자료 중 100ug/m³ 이상의 고농도 미세먼지는 오전 6시~오후 6시 동안 약 23% 발생하였으며, 밤 10시~새벽 2시에는 45%로 높게 분포하였다. 200ug/m³ 이상의 고농도 미세먼지는 오전 6시~오후 6시에 약 59%가 발생하였고, 교통량이 많은 저녁 7시~9시에는 약 18 %가 발생하였다.

상파울로 시에서 교통량이 많은 주간의 미세먼지 농도가 야간 농도에 비하여 높을 것으로 예상되었지만, CERQU 측정소와 MARGI 측정소를 제외한 지역에서는 야간 농도보다 오히려 0.4%~8.7% 낮

<그림 4> 상파울로 시의 주중과 주말의 미세먼지 평균 농도(ug/m^3)

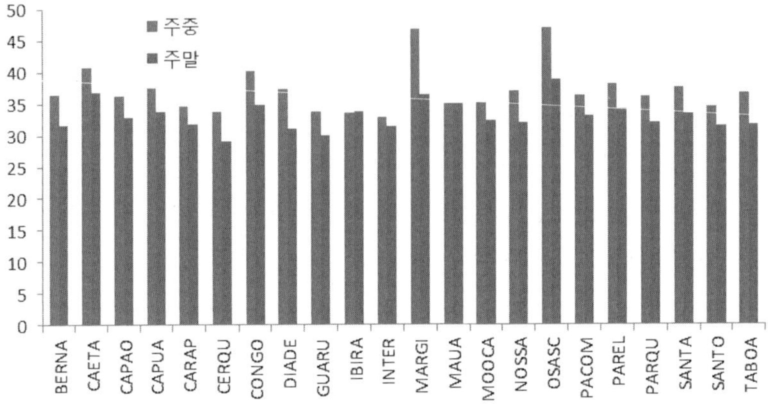

게 측정되었다. 이러한 현상은 주간에 대서양에서 기인하는 동풍과 남동풍의 희석 효과로 추정된다. 도시지역에서 미세먼지는 주중에 활발한 경제활동으로 인한 인위적 오염물질 배출 증가로 주말보다 높은 특성을 나타낼 수 있다(Lonati et al., 2006). 상파울로 시의 경우도 주중 미세먼지 농도가 주말보다 약 12% 높았다. MARGI 측정소와 DIADE 측정소는 29%와 20%로 주간의 미세먼지의 평균 농도가 높았다(그림 4).

미세먼지 자료와 풍향 자료를 함께 활용할 수 있는 측정소는 6개 (GUARU, INTER, MOOCA, OSASC, SANTA, SANTA) 지역이었으며, 풍향에 따른 미세먼지 평균 농도는 대부분 측정소에서 낮은 편차를 나타내었다. 그림 5는 미세먼지의 고농도 발생 특성을 이해하기 위하여 풍향에 따른 일 최대 미세먼지 농도 현황을 나타낸 것이다. 측정소별 일 최대 농도는 서쪽 지역과 북부지역에 위치한 OSASC와 SANTA 측정소에서 북풍계열에서 높았으며, 남부지역에 위치한 INTER와 SANTO 측정소는 북풍과 남풍계열에 모두 높게 측정되었다. 풍향에

<그림 5> 상파울로시의 월별 시간별 평균 기상 분포

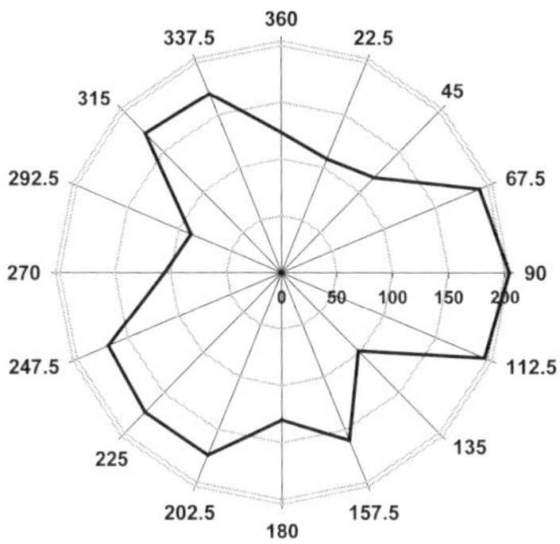

(a) GUARU

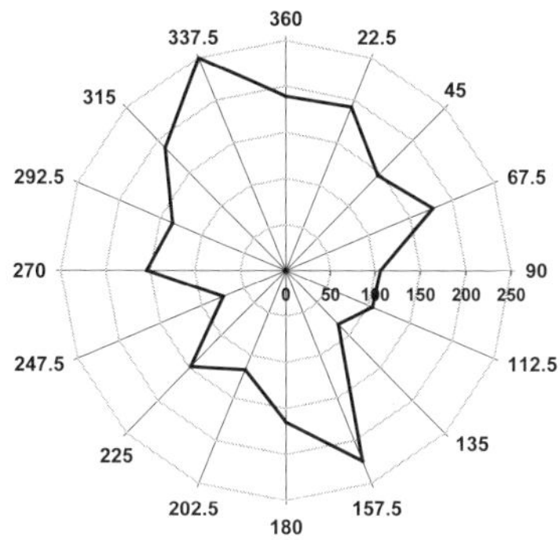

(b) INTER

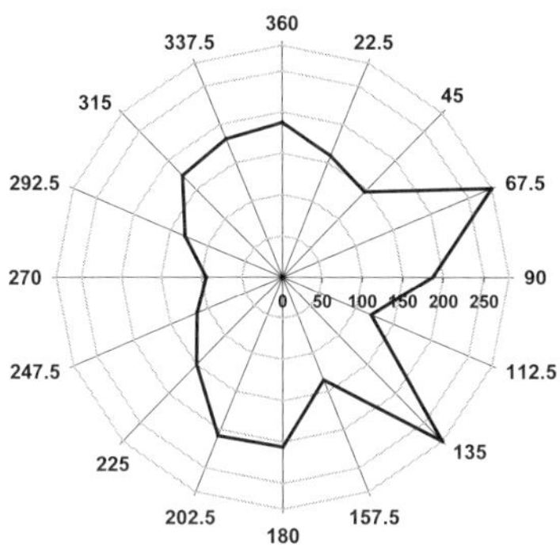

(c) MOOCA

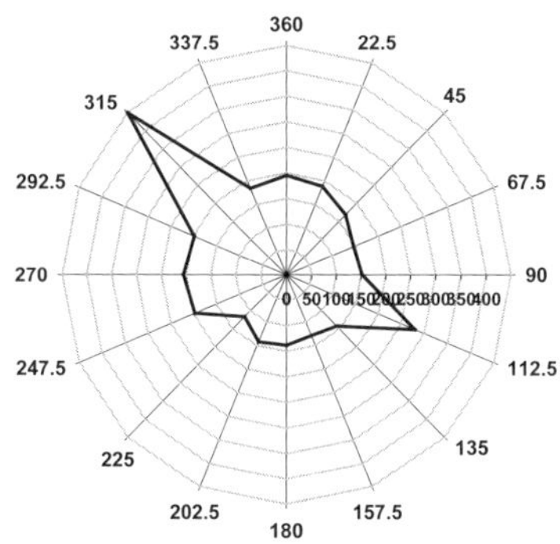

(d) OSASC

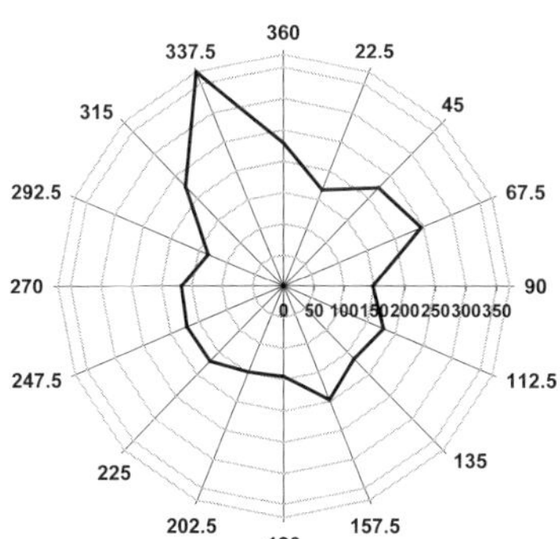

(e) SANTA

(f) SANTO

<그림 6> 미세먼지와 초미세먼지 그리고 이산화질소의 상관성

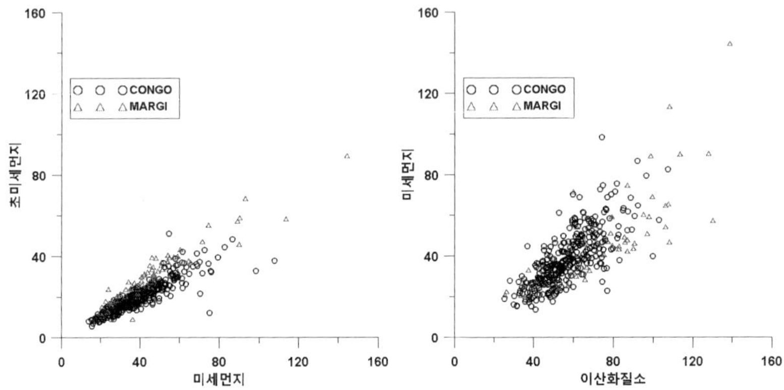

따른 미세먼지의 일 최대농도 발생빈도는 그림 2에서처럼 주풍향인 남풍계열 외에 북풍 계열도 중요한 기여를 하는 것으로 분석되었다.

미세먼지와 초미세먼지가 함께 측정된 곳은 CONGO 측정소와 MARGI 측정소로 각각 89%와 14%의 자료가 축적되었다. CONGO 측정소의 미세먼지는 초미세먼지에 비하여 약 2배 높은 농도를 나타내었으며, MARGI는 약 1.5배 더 높게 분포하였다. Mkoma et al(2014)은 브라질의 버스정류장에서 측정한 미세먼지와 초미세먼지가 인위적 오염물질의 영향으로 상관성이 높은 것으로 발표하였다. 도시지역에서 측정되는 미세먼지는 자동차에서 주로 배출되는 이산화질소와 상관성이 있는 것으로 알려져 있다(Aurangojeb, 2011). CONGO 측정소와 MARGI 측정소의 미세먼지와 초미세먼지의 상관성은 각각 0.78과 0.89로 높게 관측되었다(그림 6). 이산화질소와 미세먼지의 상관성 또한 0.55와 0.60으로 도시 지역의 영향을 반영하는 것으로 분석되었다.

5) 초미세 먼지 특성

초미세먼지는 대부분 질산염과 황산염 그리고 유기화합물로 구성된 인위적 오염물질의 영향을 받으며, 미세먼지에 비하여 건강 위해도가 높은 것으로 알려져 있다. Manuel et al(2013)의 연구에 따르면 초미세먼지가 10ug/m^3 증가하면 심장질환으로 입원하는 환자수가 1.29% 증가하는 것으로 조사되었다. 상파울로 시에서는 4개의 측정소에서 초미세먼지를 측정하고 있지만, 관측 자료 수는 매우 낮은 것으로 알려져 있다. CONGO 측정소와 IPEN 측정소는 355일과 271일 동안 관측 자료를 확보하고 있지만, PINHE 측정소는 1월 1일-3월 13일 까지 86일의 자료만 확보하였고, MARGI 측정소는 9/1-12/12일 동안 69일의 관측 자료를 확보하였다.

4개 측정소의 초미세 먼지의 평균 농도는 MARGI 측정소에서 34ug/m^3으로 가장 높았으며, 나머지 측정소는 약 20ug/m^3 내외로 분포하였다. 24시간 초미세먼지의 환경기준인 20ug/m^3을 초과한 경우는 IPEN과 MARGI 측정소에서 각각 2회(7월1일, 9월18일)와 3회(9월 17

<그림 7> 미세먼지와 초미세먼지 그리고 이산화질소의 상관성

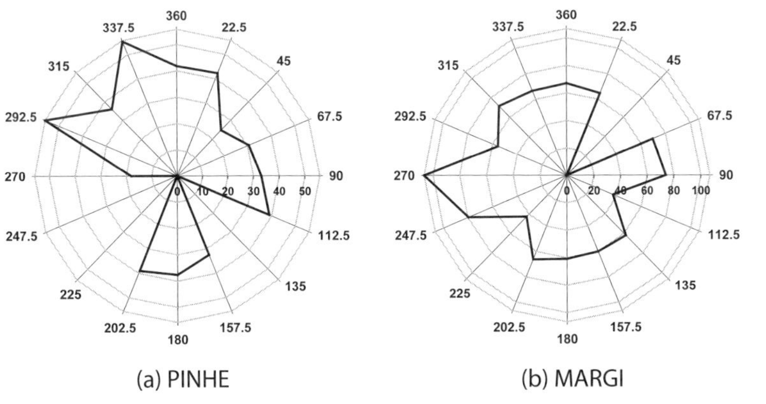

(a) PINHE (b) MARGI

일-18일, 10월 30일) 발생하였다. 9월 18일은 상파울로 시의 8개 측정소에서 100ug/m³ 이상의 고농도 미세먼지가 동시에 관측되어서 초미세먼지 또한 장거리 이동에 의한 인위적 오염원의 영향을 받을 가능성이 많을 것으로 분석되었다.

그림 7은 초미세먼지와 기상 성분을 함께 측정하는 2개 측정소의 풍향에 따른 일 최대 초미세먼지의 평균 농도를 나타낸 것이다. PINHE 지역에서는 북풍이 유입될 때 일 최대 초미세먼지가 발생율이 높았으며, MARGI 측정소에서는 서풍이 유입될 때 일 최대 초미세먼지의 발생 빈도가 높았다. 지역적으로는 MARGI 측정소의 일 최대 미세먼지 농도는 PINHE 측정소에 비하여 평균 1.75배 높았으며, 이는 미세먼지 농도가 높고 서쪽에 인접한 OSASC 지역의 영향에 따른 것으로 추정되었다.

6) 미세먼지의 에피소드 특성

미세먼지는 유기화합물, 질소산화물, 황산화물 그리고 중금속등 다양한 유해물질을 포함하고 있어서 에피소드 발생 시 시민의 건강에 위협이 될 수 있다(Gao et al., 2014; Sillapapiromsuk et al., 2013). 상파울로 시에서 미세먼지의 환경기준 초과일은 전체 측정소에서 18회에 머물렀고, 2차 권고 기준도 60회로 낮은 초과율을 보였다. 반면에 9월 18일에는 일 평균 100ug/m³ 이상의 고농도 미세먼지가 6개 측정소에서 동시에 발생하였다. 그리고 9월 19일에도 5개 지역에서 100ug/m³을 동시에 초과하였다.

그림 8은 9월 17일-19일 3일 동안의 기상 조건과 미세먼지 농도 분포를 나타낸 것이다. 10개 측정소에서 관측된 풍향은 7개 측정소(BERNA, CAPAO, GUARU, INTER, MARGI, OSASC, SANTO)에서 대부분 북

<그림 8> 9월 17일-18일 고농도 에피소드의 풍향, 풍속, PM10 특성

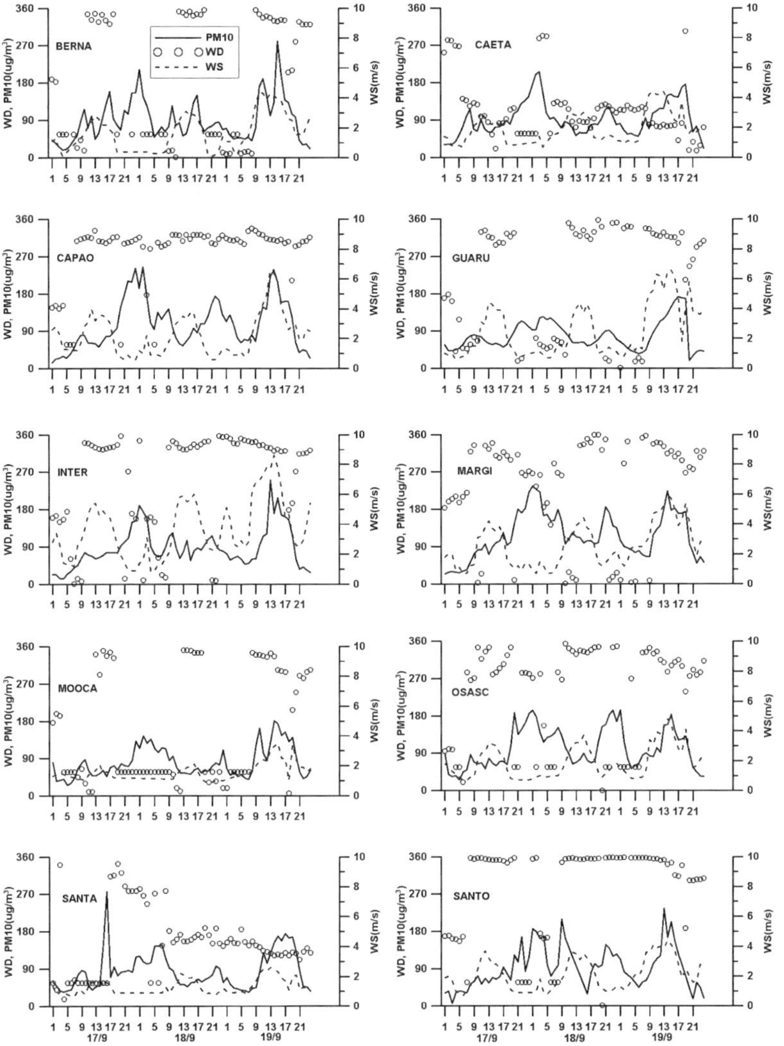

서풍 계열의 공기가 유입되었다. 대부분 측정소에서 풍속은 아침 9시부터 증가하여 정오에 최대 풍속이 관측되었다. 미세먼지의 일 농도 또한 아침 9시 전후로 증가하였다. 일 최대 농도는 9월 17일과 18

<그림 9> 9월17일-9월 19일 12시(정오)의 역궤적 분석

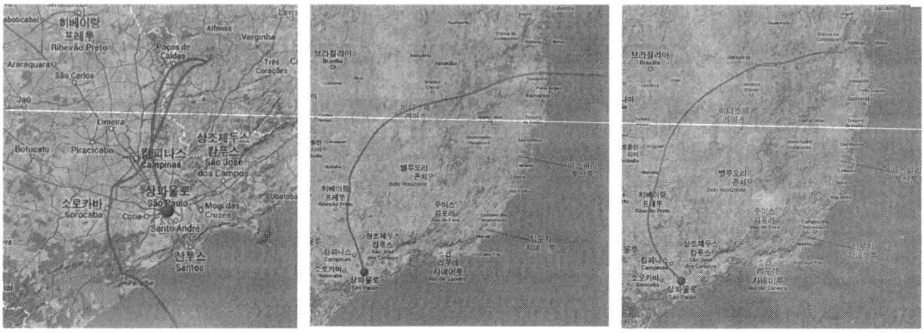

(a) 9월 17일 12시 (b) 9월 18일 12시 (c) 9월 19일 12시

일에 야간에 최대였으며, 9월 19일에는 정오에 최대를 나타내었다.

9월 17일 새벽과 9월 19일 저녁 7시 이후의 미세먼지의 농도는 강수에 의하여 급격하게 감소하였다. 풍속과 미세먼지 농도가 증가하는 오전 9시의 습도는 평균 47%로 낮았다. 9월 18일 새벽 1시 전후로 미세먼지 에피소드 발생 시간의 습도는 58%로 낮았다. 9월 19일의 오후 1시에 최대 농도가 발생하였을 때 평균 습도는 26%로 하루 중 가장 낮은 수준이었다. 그림 2에서처럼 상파울로 시의 대부분 지역에 남동풍이 주 풍향으로 분석되었지만, 북서풍이 유입되는 시기에는 고농도 에피소드가 발생하는 특성을 보였다.

Pateraki et al(2012)는 장거리 이동으로 인근의 도시지역에서 기인하는 미세먼지가 유입될 수 있다는 연구를 발표하였다. Vieira-Filho et al(2013)은 역궤적 분석을 통하여 중남미 지역에서 발생한 산불이 7개의 장거리 이동 경로를 통하여 상파울로 시에 영향을 미치는 현상을 보고하였다. 상파울로 주는 브라질의 사탕수수 재배지의 60% 를 차지하고 있으며 사탕수수 소각 시 미세먼지와 초미세먼지에 중요한 영향을 미치는 것으로 알려져 있다. 그리고 상파울로 주의 사탕수수 재배지는 상파울로 시의 북부지역에 산재해있다.

<그림 10> 9월 27일-9월 28일 50m 높이에서의 1 시간 동안의 역궤적 분석

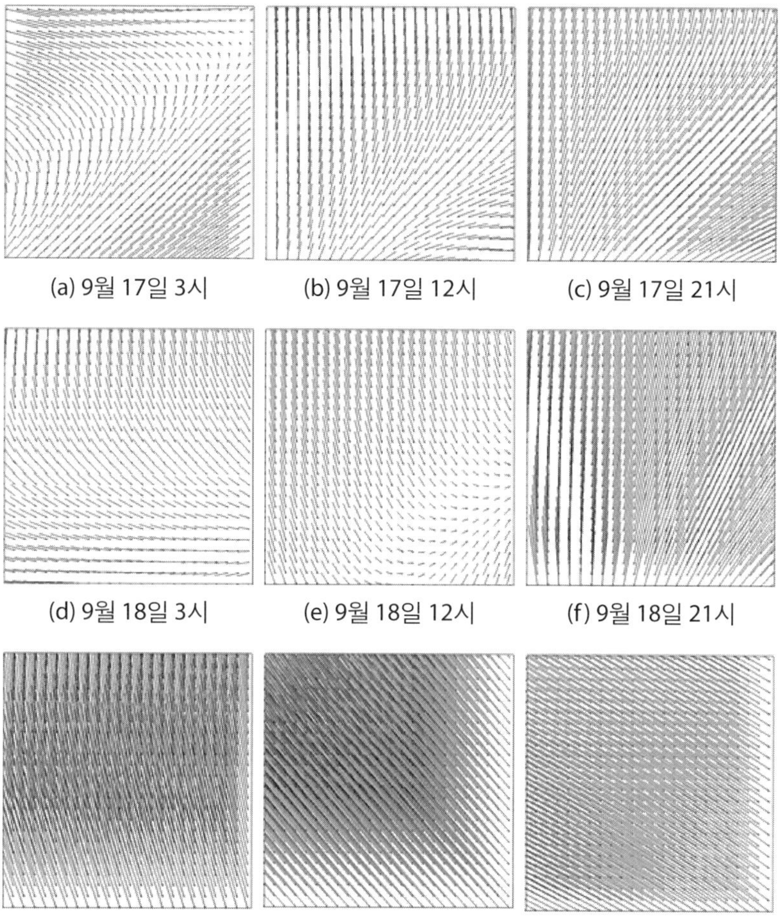

(a) 9월 17일 3시 (b) 9월 17일 12시 (c) 9월 17일 21시

(d) 9월 18일 3시 (e) 9월 18일 12시 (f) 9월 18일 21시

(g) 9월 19일 3시 (h) 9월 19일 12시 (i) 9월 19일 21시

9월 18일과 9월 19일의 장거리 이동에 의한 미세먼지의 농도 변화를 평가하기 위하여 상파울로 시의 상층 500m의 공기의 72시간 동안의 역궤적을 분석하였다(그림 9). 미세먼지 농도가 낮았던 9월 17일 12시에는 남풍에서 기인하는 공기가 상파울로 시 북부를 거쳐 다시 유입하였다. 9월 18일과 19일에는 대서양에서 기인하는 공기가 브라

질 북부 지역과 상파울로 주를 통과하여 유입되었다. 이러한 북풍 계열의 풍향이 9월 18일과 19일의 에피소드 발생에 기인하는 것으로 추정된다.

그림 10은 지표면에서 50m 높이에서 에피소드 기간의 바람장을 평가한 것이다. 9월 17일의 경우 상층 500m 공기와 같이 새벽에는 남풍이 유입되었지만, 오전에는 대부분 지역에서 북풍이 우세하였다. 21시 이후에는 낮 동안 동풍이 우세하였던 동부 지역을 포함하여 모든 지역에서 북풍이 우세하였다. 9월 18일은 새벽과 오전에 남부 지역에서 서풍과 남풍 계열이 유입되었지만 중북부 지역에는 대부분 북풍이 유입되었다. 9월 19일에는 하루 종일 북풍 계열이 유입되었

<그림 11> 미세먼지 자동 측정망의 100ug/m^3 초과 횟수 분포

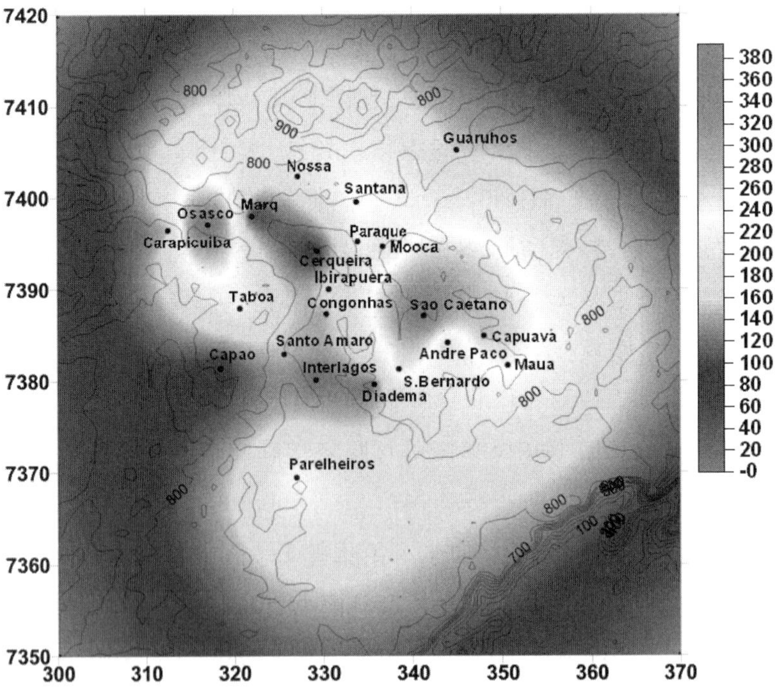

다. 상층에서와 같이 지표면 50m의 바람장에서도 북풍계열의 바람이 유입됨으로써 고농도 미세먼지가 출현한 것으로 분석되었다.

상파울로 시의 상층 50m 기상 조건은 9월 17일에는 새벽에 남풍과 남동풍이 우세하였고, 아침에는 북동풍과 남서풍이 혼재하여 남서지역은 공기의 상충 현상이 발생하였다. 그리고 중부지역에서는 서풍이 우세하였으며 낮에는 대서양에서 동풍이 유입되었다. 9월 18일에도 시간에 따라 북풍, 서풍, 남풍 그리고 북서풍으로 바람이 순환하는 특성을 보였다. 반면, 9월 19일에는 북풍과 북서풍이 강하게 유입되었다. 상파울로 시의 미세먼지 농도는 동풍이나 남풍계열의 풍향에서 낮아지는 특성을 나타내었다.

상파울로 시에서 100ug/m³ 이상의 고농도가 발생한 경우는 OSASC 측정소에서 423회로 가장 많이 발생하였고, CAETA에서 381회 발생하였다. 각 측정소에서 100ug/m³ 이상의 고농도 발생일의 등농도선을 그림 11에 나타내었다. 상파울로 시의 고농도 미세먼지 발생은 주로 CAETA 측정소 주변에서 발생 비율이 높았으며, MARGI와 CERQU 측정소의 고농도 미세먼지 발생율이 가장 낮은 것으로 평가되었다.

04 상파울로의 미세먼지 및 대기오염 저감 정책적 대응과 한계

2013년 기준 거의 1,800만에 육박하는 엄청난 인구가 거주하고 있는 상파울로의 대기오염은 높은 인구밀도만큼 대기오염에 대한 문제는 심각하며 동시에 다양하고 복잡한 오염 발생 원인들이 존재한다. 인구 및 메가시티 규모에 맞게 여타 다른 대도시들과 비교해도 더욱 복잡하고 큰 규모의 교통시스템을 가지고 있으며 대기오염의 가장 큰 원인인 자동차의 수도 상대적으로 많다. 이들 교통 차량들이 소비하는 연료 및 에너지원도 가솔린, 디젤, 에탄올, 천연가스 그리고 도시철도나 지하철에서 사용되는 전력 등으로 복잡하며 따라서 이들 에너지연료 소비에서 발생시키는 대기오염원들도 다양하다고 볼 수 있는데, 이는 에너지연료 소비패턴이나 규모에 따라 대기에 서로 다른 오염원을 배출하기 때문이다. 이에 더하여 교통 시스템의 관리부족은 종종 교통 혼잡을 유발해 미세먼지 및 다양한 대기오염원 배출을 증가시키는 원인으로 작용하기도 한다. 특히 브라질 상파울로의 대기오염 악화에 가장 영향을 주는 원인은 서론에서 언급했듯이 교통 부문으로 대기오염은 물론 미세먼지(PM10) 배출의 90%를 이 부문이 담당하고 있을 정도이다. 이로 인해 상파울로 시민들에게 호흡기 및 심혈관 질환의 원인을 제공하고 건강악화는 물론 일상적인 삶의 질 악화에 영향을 주고 있다(Diego Velloso Veronez et al., 2012: 1161).

2012년 기준으로 상파울로 메트로폴리탄지역(SPMR)에 등록된 차량(경차)만도 6백 50만대에 달하며, 디젤 버스는 거의 15,000대 그리고 58만대의 가솔린 엔진 모터바이크와 14만대에 달하는 화물용 트럭의 운행 등이 상파울로 대기오염의 주원인으로 보고되고 있다(Companhia de Tecnologia de Saneamento Ambiental de Brasil, 2008; 2012: CETESB). 이들 차량에서 배출되는 오염원들은 미세먼지(PM), 지상오존(ground-level ozone; O3), 이산화황(SO_2), 질소산화물(NOx) 그리고 일산화탄소(CO), 휘발성유기화합물(VOCs) 및 여타 스모그(black smoke) 등 다양한 대기오염 물질의 배출을 증가시키고 있다. 이들 중에서도 브라질의 미세먼지 및 대기분야 전문가들에 의하면, 브라질 상파울로의 가장 큰 오염 물질은 디젤연료에서 배출되는 황(sulphur)으로 분석되고 있다(Oswaldo Lucon and José Goldemberg 2010: 340). 특히 미세먼지

(PM10)의 경우 상파울로 시민들의 유해 건강 영향이 큰 것으로 여겨지고 있다(Diego Velloso Veronez et al., 2012:1163).

1) 교통정책: 차량 대기오염 통제 정책

브라질은 이미 이러한 대기오염 악화를 방지하기 위해 1980년대 중반(1986)부터 브라질 국가환경위원회(CONAMA, Resolution No.18)에 의해 '차량대기오염통제프로그램(일명, PROCONVE: Programa de Controle da Poluição por Veículos Automotores)'을 통해 대기오염을 해결하기 위한 장기적인 노력을 해 오고 있다. 이 정책에서 가장 주목해 봐야하는 것은 정책 이행의 필수조건으로 새로운 차량기술 도입(예를 들어, 연료분사장치 그리고 흡입관의 배기가스 촉매변환장치 도입 등)과 더불어 연료 사용에서 반드시 청정한 대체연료 사용으로 개선되어야 한다는 것과 대기오염 배출에 대해 처음으로 차량으로부터 오염가스 배출 한계를 설정했다는 것이었다. 이 정책은 또한 모든 자동차 산업의 의무적 참여는 물론 여타 시멘트산업 및 알루미늄 산업 등의 대기오염 배출 산업들에 대한 자발적 참여를 유도했다.

더 나아가 1990년에는 연방법(Resolução CONAMA N.3)을 제도화해 대중들의 건강 증진을 위한 대기오염 물질의 최대 배출 한도를 설정해 장기적으로 대기오염을 줄인다는 목표를 더욱 강화했다. PROCONVE 정책은 제조업 분야 특히, 자동차산업에서의 오염배출 방지기술 개선을 유도하고 차량과 엔진 부문에 대한 규제 강화가 제일 우선시 되었다. 1989년 브라질의 국영석유회사 페트로브라(PETROBRAS)의 노력, 예를 들어 가솔린에서 테트라에틸 납(tetraethyl lead)의 제거 기술 발전은 이러한 정책의 긍정적 결과로 나타났으며 이를 통해 '브라질은 연료 매트릭스에서 유독성 물질을 완전하게 제거한 최초의 국가'로 등장했다(Haroldo Machado Filho 2001). 이를 보완해 1993년 이후 명확하게 범주화한 차량오염 배출 기준에 대한 제도적 접근이 정책 이행으로 적용되기 시작했다(법령 N. 8723). 특히 수입된 차량들도 1993년 이후 동일한 규제를 받기 시작했다.

하지만 미세먼지 및 대기오염 저감을 위한 가장 획기적인 정책은 2002년에 상파울로 주가 도입한 '버스차량개선' 정책으로 2002년 기준 10,000대에 달했던 버스를 2005년까지 8,500대까지 줄이면서 대기오염을 방지하고 미세먼지 농도를 낮춘 정책이었다(비록 2006년 다시 14,000대로 증가했지만). 이러한 정책 이행 덕분으로 1996년에 60.69ug/m³에 달하던 미세먼지(PM10)농도가 10년 후인 2006년에는 그 절반 수준인 32.62ug/m³로 감소하는 결과를 낳기도 했다(Diego Velloso Veronez et al., 2012: 1163).

2) 재생에너지-바이오에탄올 개발 정책

또 하나의 정책적 노력은 재생에너지 개발정책에서 찾아볼 수 있다(Jang et al., 2012a). 바이오에탄올 대체에너지 공급정책은 브라질의 에너지부문에서 전통적인 화석연료 의존도를 줄임과 동시에 대기질 개선에도 많은 영향을 미치고 있다. 1970년대 초반 세계적인 오일쇼크 이후 브라질 정부는 에너지 자립을 위해 연방법(N.76,593, 1975년)을 통해 '국가알코올프로그램(Proalcool)'을 만들어 가솔린 연료에 첨가제 개발에 착수했다. 이후 1979-1980년에는 브라질 산업통상부와 국가바이오에탄올위원회(CENAL) 및 연방법(N. 83,700)을 통해 사탕수수 생산지역을 확대하고 에탄올을 가솔린에 대한 첨가제가 아닌 대체제로서 기능 가능한 순수연료(E100)로서 개발하기 시작했다. 1990년대 중반까지 이 프로그램은 바이오에탄올 공급 부족과 국제시장에서 낮은 오일 가격으로 인해 거의 발전하지 못했지만 2003년 가솔린-에탄올 겸용연료(75%/25%) 자동차의 개발(Flex-Fuel Car)로 인해 2009년까지 생산은 폭발적으로 증가하여 2010년에는 세계 2위의 생산국으로 등장했다. 증가하는 생산량 때문에 원료인 사탕수수 생산도 더욱 증가하게 되었다. 1975년-1976년 사이 8천 9백만 미터톤에서 2009년-2010년 사이에는 6억 9천 6백만 미터톤으로 증가했으며 바이오에탄올 생산량도 동일 시기 동안 각각 6억 리터에서 약 2백 6십억 리터로 증가했다(Mauro D. Berni and Paulo C.Manduca 2014: 58). 이러한 재생에너지 개발과 대기오염 상관관계 분석에서 기존의 많은 연구들은 자동차의 배기가스에서 온실가스인 이산화탄소 배출을 현저하게 줄이고 있으며 특히 상파울로 같은 대도시에서의 대기오염 감축, 사탕수수 찌꺼기를 이용한 폐열 발전 등에 중요한 영향을 미치고 있다고 주장하고 있다(ibid: 59; Jang et al., 2012b; Jang et al., 2014b).

하지만 위와 같은 단순하게 교통 및 차량 규제 정책, 혹은 이와 관련된 재생에너지 개발에 국한된 미세먼지 및 대기오염 방지 정책이라는 한계를 지니고 있다. 제II장과 제III장의 과학적 데이터와 대기측정 자료들을 중심으로 상파울로시의 미세먼지 및 초미세먼지의 시공간적 발생과 화학적 특성을 살펴보았듯이, 오염의 발생 원인은 비록 교통 및 에너지 그리고 산업 부문이 상당할 정도로 큰 영향을 미치고 있지만 이외에도 다른 발생 요인들에 의해 간접적인 영향을 받고 있음을 확인할 수 있었다. 예를 들어, 본 연구의 중요 분석 대상인 대기의 흐름 특히 풍향, 풍속 등의 기상변화는 대기오염 물질의 확산과 이동 그리고 화학 반응을 통한 2차 대기오염 물질 생성에 중요한 역할을 하고 있기 때문이다. 상파울로의 미세먼지 혹은 초미세먼지에 대한 미래 연구에서 반드시 고려해야 하는 분석 변수들이다. 특히 현재 논의되고 있는 에탄올 생산을 위한 사탕수수 생산 확대와 처리과정(소각)에서 발생하는 다양한 오염물질의 증가, 이의 풍향과 풍속에 의해 상파울로로 유입되는 미세먼지의 문제는 브라질의 미래 정책 전략 구상에 반드시 포함되어 고려되어야 하는 변수이다.

05 결론

상파울로 시는 인구 1,800만 명이 거주하는 대도시로 대서양에서 약 50km 떨어진 곳에 위치하고 있다. 풍향은 대부분 측정소에서 남동풍계열이 우세하였지만 MOOCA, OSASC, PINHE 그리고 SANTO 측정소는 북동풍, 서풍, 남서풍, 북풍 계열의 바람이 동시에 우세하였다. 미세먼지의 일 최대 농도는 남풍계열 외에 북풍의 바람이 유입될 때도 많이 발생하였다.

상파울로 시의 연평균 미세먼지는 OSASC 측정소와 CAETA 측정소를 제외하고 대부분 환경기준인 40ug/m^3 이하로 분포하였다. 24시간 환경기준 또한 전체 측정소에서 5회만 초과할 정도로 대부분 환경기준 이내로 측정되었다. 브라질의 권고 환경기준인 MI2를 적용할 경우 미세먼지 대책이 필요한 지역은 73%에 달하였다. 월별 미세먼지농도는 7월-10월에 41-48ug/m^{3}의 수준인 반면, 11월-1월에는 15-30ug/m^{3}으로 낮게 분포하였다.

9월 18일과 19일에는 24시간 평균 농도가 MI2 환경 기준을 초과한 측정소가 6곳과 5곳에서 발생하였다. 그리고 Hysplit 4 모델을 이용한 역궤적 분석에서 상파울로 시의 500m 상층 공기는 브라질의 북동쪽 대서양에서 기인한 공기가 상파울로 주를 통과하면서 유입되는 것으로 모사되었다. 50 m 상층의 바람장 분석에서도 9월 18일과 19일에는 시 대부분 지역에서 북풍이 우세한 것으로 모사되었다.

상파울로 시에서 야간 미세먼지 농도가 주간보다 높았으며, 주중의 농도가 주말보다 높게 관측되었다. 이는 도시의 인위적 오염원인 교통량에 기인하는 것으로 추정된다. 미세먼지와 초미세먼지의 높은 상관성은 북풍계열의 바람에 의해 미세먼지 농도가 증가하고, 사탕수수의 소각에서 기인하는 발암성 물질인 다환방향족화합물(PAH)를 포함하고 있는 초미세먼지의 농도가 증가할 가능성을 뒷받침하고 있다.

상파울로 시의 측정소에서 관측된 미세먼지와 초미세먼지는 대서양에서 기인하는 남동풍의 희석효과로 대부분 측정소에서는 농도 분포가 낮았다. 반면 북풍계열에서는 사탕수수 소각과 같은 바이오매스의 영향으로 미세먼지 농도가 증가되며, PAH와 같은 유해물질 또한 증가할 것으로 전망되었다.

이에 대한 정책적 대응으로 상파울로 주정부의 대기오염 저감 정책은 1980년에서 차량 대기오염 통제를 시작으로 대응하기 시작했다. 기술의 개발과 교통 부문에 대한 효율적인 관리시스템 확대를 통해 많은 제도와 프로그램이 만들어 졌으며 정책적 이행으로 옮겨졌다. 특히 비록 에너지자립이라는 에너지안보 정책으로 시작되었지만 새로운 대체에너지원으로 바이오에탄올 개발은 대기오염을 줄이는 데에 많은 기여를 한 것으로 분석된다. 다만 오늘날 새로운 시각으로 등장한 에탄올생산으로 인해 부가적으로 발생하고 있는 부작용(소각과 이의 상파울로 도시로 장거리 이동)의 문제들은 향후 브라질 정부의 대기오염 저감 혹은 미세먼지 정책에서 추가적으로 고려해야 하는 사항으로 등장하고 있다. 본 논문은 이러한 추가적인 하지만 중요한 분석변수에 대해 과학적 데이터(풍속, 풍향 그리고 화학물질 구성 등)들을 통해 확인해 보았으며 향후 이 분야에 대한 추가적인 연구 가능성을 열어놓고자 한다.

참고문헌

Allen, A.G., Cardoso, A.A., Wiatr, A.G., Machado, C.M.D., Paterlini, W. C., Baker, J.(2010) "Influence of intensive agriculture on dry deposition of aerosol nutrients". *Journal of the Brazilian Chemical Society*. vol. 21, 89-97.

An, X., Hou, Q., Li, N., Zhai, S.(2013) "Assessment of human exposure level to PM10 in China". *Atmospheric Environment*. vol. 70, 376-386.

Aurangojeb, M.(2011) "Relationship between PM10, NO_2 and particle number concentration : validity of air quality controls". *Precedia Environmental Sciences*. vol. 6, 60-69.

CLA(2013) "Air Quality in Latin America : An Overview", http://www.cleanairinstitute.org/calidaddelaireamericalatina/cai-report-english.pdf(Search 23.11.2013)

de Andrade, S.J., Cristale, J., Silva, F.S., Zocolo, G.J., Marchi, M.R.R(2010) "Contribution of sugar-cane harvesting season to atmospheric contamination by polycyclic aromatic hydrocarbons (PAHs) in Araraquara city, Southeast Brazil". *Atmospheric Environment*. vol. 44, 2913-2919.

Diego Velloso Veronez, Luiz Alexandre Kulay, Paulo Hilário Nascimento Saldiva, Simone Georges El Khouri Miraglia(2012), "A Cost-Benefit Evaluation of the Air Quality and Health Impacts in São Paulo, Brazil, *Journal of Environmental Protection*. vol. 3, 1161-1166.

Gao, X., Rahim, M.U., Chen, X., Wu, H.(2014) "Significant contribution of organically-bound Mg, Ca, and Fe to inorganic PM10 emission during the combustion of pulverized Victorian brown coal", Fuel. vol. 117 Part A, 825-832.

Haroldo Machado Filho(2001), "Brazilian Efforts Towards Reducing Greenhouse Gas Emission in the Transport Sector and in the Energy Intensive Industry", *Workshop on the Good Practices in Policies and Measures*, 8-10 October 2001, Copenhagen, 1-8.

Jang, Y.W., I.-.S.., Park, G,. Lee(2012a) "The analysis of wind energy characteristics at five monitored locations in Chile". Korean *Journal of Latin American and Caribbean Studies*. vol 31, 121-144.

Jang, Y.W., I.-.S.., Park, S-S., Ha, S.-H., Jang, K.-W., Jung, G,. Lee, W.-H., Kim, Y.-J., Choi, C.-H., Cho.(2014a) "Preliminary analysis of the development of the Carbon Tracker system in Latin America and the Carribbean".

Atmosfera. vol. 27, 61-76.

Jang, Y.W., S.-H., Jang, I.-.S.., Park, G,. Lee(2012b) "The study for the evaluation of the resource and the economic feasibility of the wind energy in Brazil". Korean *Journal of Latin American and Caribbean Studies*. vol 31, 105-126.

Jang, Y.W., S-S.,, Ha, I.-.S.., Park, G,. Lee, K.-W., Jung(2014b) "A Study of Reducing Policy of Air Pollution and Characteristics of Air Pollutants Using an Air Pollution monitoring Network in Mexico city". *Journal of International Area Studies*. vol 17, 121-144

Jorquera, H., Barraza, F.(2013) "Source apportionment of PM10 and PM2.5 in a desert region in northern Chile". *Science of The Total Environment*. vol. 444, 327-335.

López, M.L, Ceppi, S., Palancar, G.G., Olcese, L.E., Tirao, G., Toselli, B.M.(2011) "Elemental concentration and source identification of PM10 and PM2.5 by SR-XRF in Córdoba City, Argentina". *Atmospheric Environment*. vol. 45, pp. 5450-5457.

Lonati, G., Giugliano, M., Cernuschi, S.(2006) "The role of traffic emissions from weekends' and weekdays' fine PM data in Milan", *Atmospheric Environment*. vol. 40, pp. 5998-6011.

Manuel, A.L.G, Daniela A.S., Sergio, I.E, Patricia, M.C, Rodrigo, S.A (2013) "Five-year study of particulate matter (PM2.5) and cerebrovascular diseases", *Environmental Pollution*. vol. 181, 1-6,

Mauro D.Berni and Paulo C. Manduca(2014), "Bioethanol Program in Brazil: Production and Utilization of Trade-offs for CO2 Abatement", *Journal of Clean Energy Technologies*, Vol. 2, 57-60.

Mercedes A. Bravo and Michelle L. Bell(2011), "Spatial Heterogeneity of PM10 and O3 in São Paulo, Brazil, and Implications for Human Health Studies", *Journal of the Air & Waste Management Association*, vol. 61, 69-77.

Minguillón, M.C., Campos, A.A., Cárdenas, B., Blanco, S., Molina, L.T., Querol, X.(2014) "Mass concentration, composition and sources of fine and coarse particulate matter in Tijuana, Mexico, during Cal-Mex campaign". *Atmospheric Environment*, vol. 88, 320-329.

Mkoma, S.L., da Rocha, G.O., Regis, A.C.D, Domingos, J.S.S., Santos, J.V.S, de Andrade, S.J., Carvalho, L.S., de Andrade, J.B.(2014) "Major ions in PM2.5 and PM10 released from buses: The use of diesel/biodiesel fuels under real conditions". *Fuel*. vol. 115, 109-117.

Mugica, V., Oritz, E., Molina, L., Vizcaya-Ruiz, A.D, Quintana, R., Alcántara, E.(2009) "PM composition and source reconciliation in Mexico City". *Atmospheric Environment*. vol. 32, 5068-5074.

Oswaldo Lucon and José Goldemberg(2010), "São Paulo-The 'Other' Brazil: Different Pathways on Climate Change for State and Federal Governments ", *The Journal of Environment & Development*. vol. 19(3), 335-357.

Park, Il-Soo, C.-K., Kang, Y.W., Jang(2014) "In-depth Review for Improvement Plan of Air Pollution Monitoring System in Chile". Korean *Journal of Latin American and Caribbean Studies*. vol 33, 347-372.

Pateraki St., Asimakopoulos, D.N., Flocas, H.A., Maggos, Th., Vasilakos, Ch.(2012) "The role of meteorology on different sized aerosol fraction(PM10, PM2.5, PM2.5-10)". *Science of The Total Environment*. vol. 419, 124-135.

Sillapapiromsuk, S., Chantara, S., Tengjaroenkul, U., Prasitwattanaseree, S., Prapamontol, T.(2013) "Determination of PM10 and its ion composition emitted from biomass burning in the chamber for estimation of open burning emissions". *Chemosphere*. vol. 93, 1912-1919.

Silva, F.S., Cristale, J., Andé, P.A., Saldiva, P.H.N., Marchi,M.R.R(2010) "PM2.5 and PM10: The influence of sugarcane burning on potential cancer risk". *Atmospheric Environment*. vol. 44, 5133-5138.

Souzaa, K.F., Carvalho, L.R.F.(2013) "Diurnal and Nocturnal Measurements of PAH, Nitro-PAH, and Oxy-PAH Compounds in Atmospheric Particulate Matter of a Sugar Cane Burning Region".. vol. 83, 193-201

Vieira-Filho, M.S., Pedrotti, J.J., Fornaro, A.(2013) "Contribution of long and mid-range transport on the sodium and potassium concentrations in rainwater samples, São Paulo megacity, Brazil". *Atmospheric Environment*. vol. 79, 299-307.

웹사이트 정보

http://www.cetesb.sp.gov.br/ar/Informa??es-B?sicas/24-Configura??es-da-Rede-Autom?tica

http://sistemasinter.cetesb.sp.gov.br/Ar/php/ mapa_qualidade_ rmsp.php

http://aqicn.org/map/brazil/

http://www.nemko.com/ko/services/environmental-impact-environment/pah-polycyclic-aromatic-hydrocarbons

브라질 산림 정책의 변천과 전망 - 경제성장과 환경의 관점에서-

The history and prospect on Forest Policy in Brazil

- From both economic and environmental aspects-

International interest in the Amazon has been dramatically increased as its importance for biodiversity and carbon sequestration have become more evident since 1990's, especially 1992 Rio conference.

A number of biomes, including the Brazilian Amazon, were declared national patrimony and were managed for preservation and sustainable use. The 1990s was particularly active years for forest policy in Brazil, both through domestic movement and international engagement. Historical trace of the forest policies for almost 100 years can be followed by reviewing of stages of forest management reflecting the government' economic development plan and environmental protectionism.

In this study I aim to review the dynamic flow of brazilian forest policy which has been affected by government other policies, interest parties lobby and international concern. I review from the starting of protectionism ideas against Portuguese extraction in Brazil by 1900 to recent Dilma Rousseff' veto on new Forestry Code. The Oil crisis, forest plantations, agribusiness, and infrastructure connecting have closely affected the deforestation in Brazil. The peaks and troughs in the export of deforestation related products also appear to be correlated with the introduction of the Plano Real, changes in Legal Reserve requirements and development of forest regulations. Recently, the issue of climate change has been the leading cause of deforestation due to increasing demand of the agricultural land for sugarcane to get bioenergy source in brazil.

KEYWORDS

Forest Policy, Legal Reserve requirement, deforestation, growth and preservation

요 약

브라질하면 떠올리는 대표적인 아마존 지역은 세계에서 가장 큰 열대 우림지역으로 남미 대륙의 40%를 덮고 있으며 9개 국가에 걸쳐 있다. 4만 종 이상의 식물종이 서식하고 있으며 세계야생생물기금(WWF)에 의하면 427종의 포유류와 1,294종의 조류 그리고 3천만 명의 인구가 살아가고 있다. 여기에는 220개의 토착민 집단도 포함된다. 아마존 산림지역의 약 65%는 브라질 국경 내에 있으며 브라질 인구의 13%가 살고 있다. 브라질 아마존은 1970년대 이후로 약 7십만 ㎢의 산림이 벌목되었다. 브라질 아마존은 지구 열대 우림의 약 1/3이 서식하는 지역으로 4.1백만 ㎢의 산림으로 뒤덮인 지역이다. 그러나 브라질 아마존에서의 토지이용 변경은 산림손실과 황폐화를 초래하고 있으며 지역 경관을 급속히 변화시키고 있다.

본 논문은 100여년 동안 브라질 산림정책을 간략하게나마 기술하고 산림정책에 영향을 미쳤던 사회적·경제적 사건과 환경 영향을 살펴보고자 하였다. 산림정책은 환경보존, 목재생산, 농업, 농지개혁정책 및 기반시설 확장 등에 의해 크게 영향 받는다. 또한 이주화 정책, 수출장려정책 등과도 밀접한 관련이 있다. 이러한 다양하고 역학적인 사회적 경제적 관계속에서 브라질의 산림정책을 바라보고자 하였다.

KEYWORDS

브라질, 수리남, 구아나, 베네수엘라, 콜롬비아, 에콰도르, 페루, 볼리비아, 프렌치 구이아나

01 서론

환경을 경제성장과 대립적인 관계에서 바라보는 것은 1992년 리우 환경회의의 지속가능한 성장이라는 구호아래 노력해 온 국제사회의 시도와 성과를 생각해볼 때 어쩌면 해묵은 논쟁으로 비춰질 수 있다. 환경문제가 대두하기 시작하면서부터 환경에 대한 담론은 그동안 이루어낸 경제성장 속에서 논의되었으며 그러한 담론의 초기에 경제성장과 환경은 대립할 수밖에 없는 동전의 이면으로 받아들여졌다. 경제성장과 부의 창출은 곧 환경오염으로 희생하고 얻어지는 것으로 보았다. 그러나 점차 사회와 경제부문에서 지속가능한 발전전략을 고민하고 실천하면서 경제성장과 환경은 대립만이 아닌 상생의 가능성을 보여주기도 하였다. 이른바 저탄소 성장, 녹색성장, 저영향 개발 등의 사례가 그러하다.

그러나 경제성장과 환경의 극단적인 대립관계를 보여주는 사례들도 있다. 대표적인 사례가 브라질의 산림이다. 브라질은 세계 산림면적의 10%에 해당하는 5억 20천만 ha(산림청, 2012.06.25)에 달하는 세계적인 산림보유 국가이며, 온실가스 증가의 원인 중 주요한 것은 산림벌채이다. 브라질 아마존 산림이 처한 개발 위험은 환경과 성장의 대표적인 대립구도로 종종 표현되기도 한다.

또한 아마존은 특이하게도 아마존 유역 국가들의 국가자원인 동시에 세계인의 관심지역이기도 하다. 브라질 아마존 산림지역이 브라질 국경 안에 존재하는 자원임에도 불구하고 많은 세계인들은 그 지역의 개발과 보존에 관심을 가지고 있다. 특정국가의 산림자원이라기보다 지구인의 공유자원인 것처럼 지구의 허파로 종종 묘사되기도 한다. 이처럼 특정 국가안의 자원에 대해 아마존 산림만큼 타국가 또는 국제사회가 관심을 가지고 우려하는 사례도 흔치않다. 국제사회에서 아마존 산림에 대한 우려와 관심은 국토의 방대한 면적을 차지하는 산림을 국가발전과 경제성장을 위해 이용해야 하는 브라질 당사국에게는 부담스러운 관심이 될 수도 있을 것이다.

국가발전계획과 산림의 관계는 거주지로서의 산림, 벌목을 통한 경제이윤장소로서의 산림, 농지전환가능지로서의 산림, 그리고 지속가능관리 대상으로서의 산림 등으로 표현될 수 있다. 브라질 산림의 변화를 한 국가의 경제성장과 관련하여 바라보는 것은 지극히 당연하면서도 종종 간과되어온 것이 현실이다. 따라서 본 연구에서는 브라질의 국가발전계획 및 경제성장 계획과 환경보존에 대한 관심 속에서 전개되어온 브라질의 산림정책을 살펴보고자 한다. 이를 위해 산림유형과 현황, 브라질의 산림정책을 초기의 산림보호주의에서부터 군부정치의 출현, 민주화와 시민사회의 발전까지의 역사적 흐름 안에서 검토하였다. 또한 역사적 흐름 속에서의 산림 정책 검토에 부연하여 브라질의 주요 사회·경제·환경적 주요이슈들이 산림정책에 미친 영향을 검토하였다. 즉 브라질이 취했던 브라질 아마존 지역과 국가경제의 통합, 수출위주의 정책과 산림정책을 둘러싼 이해당사자들 사이의 갈등 및 기후변화 완화라는 과제가 미친 산림정책의 변화를 분석하였다.

02 산림유형 및 현황

브라질은 6개의 토양생물군계인 아마존(Amazon), 세하두(Cerrado), 판따날(Pantanal), 까찡가(Caatinga), 아틀란틱 산림(Atlantic Forest), 팜파스(Pampas)로 나뉜다. 아마존과 아틀란틱 산림 생물군계는 각각 브라질

<그림 1> 브라질 생물군계 지도

자료 : http://www.ecobrasil.org.br/brazilfortravelers/eng/maps.htm

<표 1> 산림지역 데이터

산림유형	면적(헥타르)			
자연적 산림/생물군계	1990	2000	2005	2010
아마존(Amazon)	379,938,052	367,725,556	359,535,618	354,389,794
세하두(Cerrado)	90,335,526	79,578,029	74,651,865	70,007,832
카찡가(Caatinga)	53,128,701	49,860,012	48,294,387	46,774,120
애틀랜틱 산림 (Atlantic Forest)	32,103,082	30,419,910	29,609,122	28,818,263
판타날(Pantanal)	10,492,296	9,477,874	9,005,166	8,554,246
팜파(Pampa)	3,856,966	3,706,028	3,632,615	3,560,541
총 자연산림	569,854,624	540,767,409	524,728,772	512,104,797

자료: Food and Agriculture Organization of the United Nations(2009). p.17

면적의 49.3%, 13.4%를 차지하며, 주로 열대우림으로 구성되어 있다. 특히 아마존 지역은 지구 산소의 약 20%를 생성하고 있으며, 지구 담수의 약 15%를 구성하고 있다. 세하두와 팜파스는 각각 국토 면적의 23.9%와 2.1%를 차지하고 있으며 사바나지역이다. 까찡가(Caatinga)는 국토의 9.9%를 차지하며 역시 사바나 지역이지만 세하두나 팜파스에 비해 훨씬 건조한 지역이다(Magalhães et al., 2011).

아마존 산림 지역은 세계에서 가장 큰 열대 산림지역으로 남미 대륙의 40%를 덮고 있으며 9개 국가[1]에 속해 있다. 4만 종 이상의 식물종이 서식하고 있으며 세계야생생물기금(WWF)에 의하면 427종의 포유류와 1,294종의 조류 그리고 3천만 명의 인구가 살아가고 있다. 여기에는 220개의 토착민 집단도 포함된다. 아마존 산림지역의 약 65%는 브라질 국경내에 있으며 브라질 인구의 13%가 살고 있다. 브라질 아마존은 1970년대 이후로 약 7십만 ㎢의 산림이 벌목되었다. 브라질 아마존은 지구 열대 산림의 약 1/3이 있는 지역으로 4.1백만 ㎢의 면적이 산림으로 뒤덮인 지역이다. 그러나 브라질 아마존에서의 토지이용 변경은 산림손실과 황폐화를 초래하고 있으며 지역경관을 급속히 변화시키고 있다. FAO(2009)데이터는 2000년에서부터 2005년까지 지구 산림 순손실의 약 42%는 브라질 아마존 지역에서 일어났음을 보여주고 있다. 산림보존에 대한 공공의 요구에 부응하여 산림 규제 및 환경법 강화, 보호지역 지정을 포함하는 이니셔티브를 통해 경제 개발과 보존을 조화시키려 노력하고 있다(Barreto et al., 2006: 10-11). 브라질 아마존 지역의 산림파괴 요인은 방목, 농업, 벌목의 급속한 증가를 들 수 있으며 도시 및 산업활동 또한 산림 파편화를 가속화하고 있다.

---

1) 브라질, 수리남, 구아나, 베네수엘라, 콜롬비아, 에콰도르, 페루, 볼리비아, 프렌치 구이아나

최근 보호지역에서의 가장 큰 영향 중 하나는 산불이다. 브라질에서 보호지역 내에서의 산불은 2009년에 비해 2010년에 275% 증가하였다. 에스피리투 상투(Espirito Santo)주에서 최근 5년 동안 보호지역 내와 그 주변에서 2,500ha 이상이 불에 탔다(Tebaldi; Fiedler; Dias, 2012: 8).

03 산림정책역사

1) 초기 산림보호주의 (1900년대 초반기)

각 나라는 독특한 '토착적인 환경보호주의'를 개발해왔다(Pédua, 1996: 13-18). 환경이 보호되어야 한다는 브라질인의 생각은 식민주의에 대한 반항으로 일어났다. 빠두아(Padua, 1996)에 의하면 브라질에서의 보존운동은 브라질에서 포르투갈이 행한 과도한 자연자원이용에 대한 반항으로 일어났다. 19세기에 호세 보니파시우(Jose Bonifacio), 에실지스 다 쿵야(Eclides da Cunha)와 알베르뚜 토헤스(Alberto Torres)와 같은 정치가들은 브라질 산림 보호 필요성에 대해 주장했으나 환경입법에 반영되지는 않았다.

산림자원관리의 초기에 브라질 헌법은 주와 연방정부사이의 관할을 조정하는데 중점을 두었다. 1891년 제정된 헌법에서는 산림자원의 자치권과 재산권을 주에 부여하였다. 1934년 헌법에서는 산림법에 대한 책임을 연방정부로 회수하였지만 주는 보충적인 또는 부가적인 법안을 개발할 수 있었다. 1967년과 1969년 헌법에서는 산림관리를 연방정부에 배타적 분야로 명시하고 있다. 1988년 헌법은 연방과 주정부에 환경관련 법안을 개발하고 시행하는 책임을 부과하고 있다. 산림에 관한 입법에서 시의 권한이 명확히 나타나 있지 않음에도 불구하고 지자체는 지역의 이해관계문제에 대해 입법조치를 할 수 있다. 헌법6조"환경에 대해"는 생태적으로 균형잡힌 환경은 시민의 권리라고 공표하였다. 브라질 아마존을 포함한 생물군계는 국가의 전통적인 자산이며 자연자원과 환경이 보존되고 생태적인 기능이 유지되는 방법으로만 이용될 수 있다는 내용도 명시하고 있다 (Banerjee et al., 2009: 133-135).

20세기 초반기 도시운동 규모가 확대되면서 대규모 보호지역 지정을 주장했고 나무의 친구회(Society of Friends of Trees)와 같은 많은 단체들이 1930년대 조직되었다. 1937년 브라질의 첫 국립공원이 리오데자네이로와 미나스 제라이스(Minas Gerais) 경계에 있는 이타치아이아(Itatiaia)에 지정되었다. 1930년대 산림입법에서의 주요한 성과가 있었는데, 특히 1934년의 산림법(Forst Code) 제정과 연방산림위원회 창립이 있었다.

2) 군부정치시기(1964-1985)

이 시기는 종종 산림보존정책에서 암울한 시기로 표현된다. 특히 아마존 유역에서의 산림악화 기록이 이를 뒷받침한다. 그러나 한편으로 군부체제기간은 브라질 산림정책에서 중요한 시기이기도 하다. 산림 이용의 통제와 보존단위가 확립된 것이 이 시기이기 때문이다. 또한 오늘날까지 유효한 산림법이 1965년에 공표되었고(법 4771/65), 이는 산림의 이용과 벌목에 관한 산림관리규정 및 규제에 토대를 제공하고 있다. 이 법의 중요한 의미 중 하나는 법적 보존지역(Reserva legal)을 명시하고 있다는데 있다. 법적 보존지역은 제2차 세계대전에서 유래되었다. 이는 얼마나 많은 산림을 개인소유의 토지에서 벌목할 수 있는가에 대해 규제로, 건설을 위한 목재 여분을 비축해두고자 하는 의도에서 만들어진 것이다. 이 법적 보존지역은 민간인 소유의 토지가 어떠한 식생으로 덮혀 있는가에 따라서 토지소유자는 어느 정도 벌목할 수 있는지, 어느 정도 보존해야하는지 달라졌다. 1965년 산림법에서는 아마존 산림지역의 법적보존지역은 50%, 세하두 지역은 20%로 법적 보존지역을 지정하였었다. 또한 브라질 산림법 제1조는 해당 지역의 산림은 공공자산이며, 따라서 제3항에서는 일부 토지의 소유를 제외하고는 생물다양성 보호, 자연의 회복력 유지를 위해 필요한 지역에 한해 법적 보존지역 개념을 제시하여 강제적 보호정책을 시행하도록 되어있다(최승필, 2011: 198-199). 그러나 이러한 법적 보존지역요건이 효과적으로 실행된 적도 없고 그 실행을 좀 더 엄격하게 하고 벌금을 부과하려던 2009년에 도입될 예정이었던 규정은 그 당시 룰라 대통령에 의해 연기되기도 했다.

1977년에서 1986년 사이의 주요한 성과로는 38개의 생태거점과 11개 환경보호지역의 지정을 들 수 있다. 광업 및 에너지 부문 정부기관의 RADAM(Radar in the Amazonia) 사업에서는 1975년부터 1983년까지 브라질 아마존 지질, 지형, 수문, 토양, 식생 지도 작업에 착수하였다. 이 사업에서 35.2백만 ha의 보존지역과 71.5백만 ha의 지속가능이용 지역이 권고되었다. 25개의 우선순위 보존 지역에서 5개 국립공원과 4개의 보존구역이 지정되었다. 국토의 11%에 해당하는 넓은 지역을 보호지역으로 지정하였음에도 불구하고, 브라질의 60개 국립공원 중 대부분은 페이퍼 파크(paper parks)[2]로 볼 수 있다. 그러나 1974-1984년의 시기를 "국립공원에서의 진보의 10년"으로 보는

2) Paper park는 정부에 의해 법으로 보존되어야 하는 지역으로 선정되었지만 관리능력 및 재정, 기반시설의 부족과 상충적인 법과 지역사회 통합에 어려움을 겪는 지역이다.

사람들도 있다. 왜냐하면 1960년대 초 불과 12개이었던 국립공원이 1970년대에는 절대보호보존단위(integral protection conservation units) 수와 면적 측면에서 크게 증가하였기 때문이다. 보존단위는 두 개의 주요 범주로 구분된다. 먼저 절대보호지역으로 공원, 생물보존지역이 속한다. 두 번째는 지속가능한 이용을 위한 지역으로 국가산림지역, 채취 보존지역, 지속가능한 개발 보존지역 등이 포함된다. 전자의 지역에서는 상업목적의 자연자원의 이용과 채취가 허용되지 않는다. 이러한 보호지역의 두 가지 유형이외에도 공공토지에서 군사지역과 토착민 토지(Indigenous Lands)[3]가 있다. 이 토지는 브라질 법에 의해 보존단위로 간주되지는 않지만 이용이 제한되어 있으며, 경제적 활동이 허용되지 않는다(Azevedo-Ramos et al., 2006: 17).

브라질 아마존 지역에 걸쳐서 현재 있는 절대보호보존단위 네트워크는 주로 1970년대 후반과 1980년대 초에 만들어진 것으로 그당시 내무부 환경청과 농업부 브라질 산림 개발 연구소의 야심찬 국가 보존 단위체계의 결과였다. 이 시기에 만들어진 보존단위의 한 예가 자우(Jaú)국립공원이다. 1964년에서 1985년동안 보존단위로 지정된 지역은 7배 증가하였다.

군부시기에는 제도적인 변화가 있었다. 스톡홀름회의[4] 이후에 환경청(Secretario do Meio Ambiente, SEMA)이 내무부 내에 1973년에 창설

3) 토착민토지(Indigenous Lands)는 전통적으로 오랫동안 토착민에 의해 점유된 공간으로 그들의 삶과 그들의 물리적 문화적 재생산을 그들의 전통과 관습에 따라 영위하는데 필요한 환경적 자원의 보존을 위해 필요한 곳이다. 이는 연방정부의 양도할 수 없고 불가처분한 자산이며 이에 대한 권리는 절대적이다. 원주민이 영구적인 보유권을 가지고 있으며 "그들의 토지위에 있는 토지, 강, 호수자원을 이용하는 배타적 권리"를 가지고 있음에도 불구하고 연방정부 자산이기도 하며 특정이용을 위한 공공자산이다.(FAO, 2009. p.22)

4) 1972년 개최된 첫 유엔 환경회의로 국제환경문제에 효과적으로 대처하기 위하여 국제적인 협력을 약속하는 스톡홀름 선언 채택

되었으나 권한이 약한 부서라는 비판을 받았다. 이로부터 8년 후, 자문 역할을 하는 국가환경위원회(Conselho Nacional do Meio Ambiente, CONAMA)와 군부는 브라질의 첫 공식적인 환경정책(Politica Nacioal de Meio Ambiente)을 수립하였다.

3) 시민사회 및 국제사회의 영향(1990년대 이후)

1996년과 2001년 사이 산림법은 대통령령(Medidas Provisórias 1.511, 1996년 7월 25일; 1.605-18, 1997년 12월 11일; 1.736-31, 1998년 12월 14일; 1.885-38, 1999년 6월 29일; 1.956-45, 2000년 1월 6일; Medida Provisória No 2.166-67, 2001년 8월 24일)에 의해 바뀌었고, 이 법이 오늘날까지 시행되고 있는 브라질 산림법이다. 아마존 지역에서의 보호지역은 80%로 증가하였으며, 세하두지역의 경우는 35%로 증가하였다.

<표 2> 법적 보존지역의 적용 변천

식생유형	법적 보존지역의 적용	
	1996년까지	1996년 이후
세하두 (Cerrado)	20%	35%
아마존 산림 (Amazonian Forest)	50%	80%

출처 : 브라질 식물성오일 산업협회홈페이지, www.abiove.com.br.

그동안 산림법 수정안과 관련된 내용들은 법적 보존지역에 관한 내용이 주를 이루고 있으며 해당지역에서의 법적 보존지역 비율을 줄이는 것뿐만 아니라 그 법적 보존지역내에서 허용되는 활동들을 변경하려고 하였다. 여기에는 유칼립투스와 같은 종의 플랜테이션 등도 포함된다.

1980년대 10년 동안 환경보전정책과 환경주의 운동에서의 근본적인 변화가 있었다. 또한 1980년대 말과 1990년대 국내 및 국제적 연대를 통해 브라질에서의 산림정책에 대한 관심이 증가하였다. 대부분의 사회분석가들은 브라질에서의 환경악화에 대한 관심 증가가 민주주의 과정의 결과라는데 동의한다. 이러한 현상은 환경정책에서 많은 결과를 가져왔다. 또한 서방국가들의 이른바 "지구의 허파"하는 열대산림의 운명 문제제기가 붐처럼 일어났고 브라질인들은 그들의 산림 운명에 대한 많은 정보들을 접하게 되었다. 엄청난 양의 정보가 갑작스럽게 유입됨으로써 1980년대 환경운동, 비정부 "풀뿌리"운동이 가능했다. 1980년대 후반 브라질에서 비정부 환경단체들이 폭발적으로 증가했다. 1991년에 수행된 환경 NGOs의 등록수는 1,533개에 달했다. 환경운동의 영향이 증가하고 시민사회의 활동이 브라질의 정치적 영역에서 좀 더 활발해짐에 따라, 산림정책은 지속가능한 산림관리로 변화를 모색하게 되었다.

이 시기에 브라질 연방정부는 환경문제의 처리에 대한 국제적인 비판에 직면하게 되었고, 브라질 정부는 1997년에서 2006년 동안에 국가산림프로그램(National Forest Program, PNF), 국가보존지역체계(National Conservation Area System, SNUC), 자연 산림 관리를 위한 재정적 인센티브 재정 그리고 브라질 공공산림관리법(Brazil's Public Forest Management Law, PFML)을 만들었다. 또한 2003년 국가공간연구소(National Institute for Space Research, INPE)는 환경훼손에 대한 평가서를 제출하였으며, 이를 근거로 정부주도의 아마존 유역 보호활동이 출현하게 되었다. 2003년 대통령령으로 설립된 범부처간 실무그룹은 아마존 지역의 산림 훼손을 줄이기 위한 실행조치들을 내놨으며 환경부(MMA)와 환경·자연자원연구소(IBAMA)[5]는 공동으로 '산림벌채,

5) Instituto Brasileiro do Meio Ambiente e dos Recursos Naturais Renováveis.

산불과 불법적인 벌목의 예방과 통제를 위한 계획(Action Plan for the Prevention and Control of Deforestation, Forest Fires and Illegal Logging, PPCDAM)'을 발표하였다. 이 계획의 주요내용은 각 지방자치단체의 농지관리 조직이 벌채 및 산림보호지역 지정, 벌채된 구역 내에서의 지속가능성 제고와 조세감면, 재정 지원 및 지속가능한 인프라 구축 절차를 확립하고, 산림훼손지역의 회복을 위한 활동을 통한 고용 및 소득 창출을 추진하는 한편, 산림지역의 생산과 관리체계 확립하고 불법행위에 대한 감시감독업무를 맡은 연방기관들간의 통합운영체제를 확립한다는 것이다(최승필, op. cit.: 199)

한편, 1997년 유엔의 FAO(Food and Agriculture Organization)와 브라질 연방정부는 환경질과 생태계를 유지하고, 사회경제적 발전을 위한 산림관리를 위해 아젠다(Positive Agenda for Forestry Sector)를 개발하였다. 이 포지티브 아젠다(Positive Agenda)는 브라질에서 산림에 기반한 지속가능발전에 대한 첫 정책을 언급한 사례 중 하나이다. 이 아젠다의 결과물로 국가산림프로그램(National Forest Program, PNF)과 생물다양성 및 산림관리청(Secretariat for Biodiversity and Forests)이 만들어졌다. PNF는 지속가능한 산림자원 관리를 위해 확고하고 야심찬 목표를 설정하고 이용과 보존사이의 균형으로의 정치적 전환에 핵심적인 역할을 했다. 여기서는 국제 목재시장에서의 브라질 몫을 상향조정했으며 동시에 개인소유토지에서 산림을 지속가능하게 관리하는 면적을 2천만 ha까지 증가시키는 목표를 포함했다. 공공토지에서는 지속가능한 생산 산림 5천만 ha를 조성하는 것을 목적으로 하였다. PNF의 실행은 여러 정부기관과 시민사회로 구성된 국가 산림 프로그램 조정위원회(Coordinating Commission of the National Forests Program, CONAFLOR)에서 맡았다(Banerjee et al., op. cit.). 브라질이 서명한 생물다양성 협약은 브라질의 생물다양성 보존을 위한 가장 중요한 토대를 제공했다. 지난 20

<그림 2> 2005년에서 2009년까지 생태계의 주요위협요인 비율

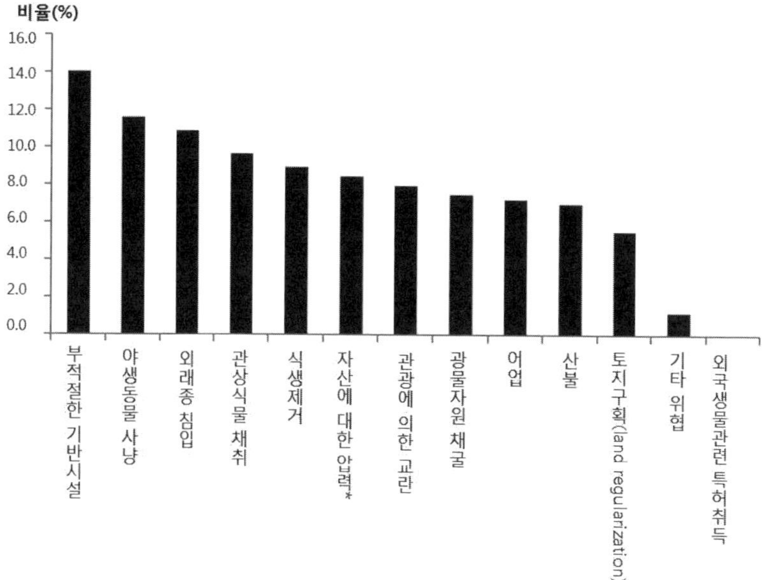

출처 : Singer, B.(2006). p.45

년 동안 일련의 공공정책은 보존 우선순위지역에 대한 것이었다. 그 한 예가 2000년의 국가보호지역체계(National System of Protected Areas(법 9985/0))의 지정이다. 보호지역은 브라질의 생물다양성을 보존하고 보호하는 주요 행정적인 장치이다. 특히 멸종위기에 처한 종에게는 더욱 그러하다. 그림 2는 브라질의 생태계에서의 주요 위험요인을 비율별로 나타낸 것이다. 산림벌채의 원인인 부적절한 기반시설이 생태계의 주요위험요인이기도 하다.

04 산림정책에 영향을 준 주요 이슈

1) 브라질 아마존 지역과 국가 경제의 통합

군부체제에서 브라질 정부는 다른 아마존지역 국가들 사이에서 브라질의 국경을 보호하고 광물 소유권과 기타 자연자원의 소유권 확보를 위한 정치지리적 관심이 높아졌다. 군부체제에서 아마존유역 대책(Operation Amazonia)은 주요 도로 건설, 농업 이주 정책, 산업 및 농업을 위한 경제적 인센티브 제공을 통해 국가 경제와 브라질 아마존 지역을 통합 개발하는 것이었다. 이를 위해 1966년에 아마조니아(Amazonia)은행의 지원으로 아마존유역 개발 감독기관(Superintendency for the Development of Amazonia, SUDAM)이 창설되었다. 국가 통합 프로그램(National Integration Program, PIN)은 1970년대 시작되었고 트랜스아마존(Transamazon)과 꾸이바 산타렝(Cuiaba-Santarem)고속도로에 투자하였다. 이 지역은 현재 심각한 산림손실과 토지갈등의 중심지일뿐만 아니라 중요 상업 통로이기도 하다. 고속도로 건설이후 접근성이 좋아지자 이 지역에 대한 개발이 촉진되었으며, 소작농 이주민에게 고속도로 한쪽 면에 20km의 대상지(strip)을 할당 배분하여 이 지역으로의 이주를 촉진하였다. 이주화를 위한 이주 및 농업개혁 국가 위원회(National Institute for Colonization and Agarian Reform, INCRA)의 모델은 새로운 산림법의 보호 규정과 정반대로 대치되었다. 예를 들면 1971년에 통과된 법은 INCRA가 국가간 경계로부터 150km 또는 연방고속도로의 100km이내의 토지를 관할하도록 하였다. INCRA 정책에 의해 이주자들은 토지를 개간하면 그 지역에서 양도가능한 토지 등기(land titles)를 부여받았다. 더욱이 이주자들은 개간한 면적의 3배 면적, 최

<그림 3> 농지개혁이주의 지역과 위치(2002년 현재)

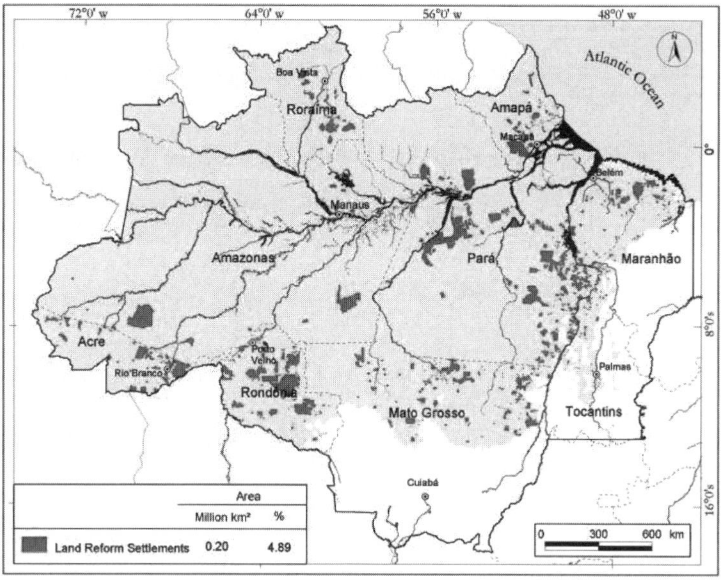

출처 : http://www.globalforestwatch.org/english/interactive.maps/Brazil_Datasets.htm#AgrarianSettlement

대 270ha까지 제공받았다. 이러한 정책은 이 지역의 토지개간과 투기를 급속히 가속화하였다.[6] 1970년대 후반 이후 토지가 없는 사람들과 도시 빈민들이 정부에 토지를 요구해왔고 2002년 현재 528,571 가구들이 1600개의 농지개혁이주(Agarian Reform Settlement)를 통해 토지를 보유하게 되었다. 이주 초기의 보조금과 목재판매의 혜택에 이끌린 많은 가구들은 이주를 선호했지만 점차 목재자원이 고갈되고, 방목과 생존을 위한 작물이 줄어들었다. 이밖에도 이러한 활동을 위한 토지이용이 집약적이고 가구 구획은 비교적 소규모(50-100ha)였다는 데에도 이주 실패의 원인이 있다. 결과적으로 많은 가구들이 그들

6) Onil Banerjee et al.(2009). p. 133

의 토지를 버리거나 팔고 새로운 지역을 찾거나 도시중심부로 들어갔다. 그들이 버리고 간 토지는 대규모 필지로 합병되었다.[7]

이주화 정책 이후에 이곳은 산림 파편화 과정을 겪고 있다. 대표적 예인 애틀란틱 산림지역(Atlantic Forest)은 지구에서 생물종이 풍부하면서도 생물종이 멸종위기에 처한 환경이기도 하다. 인간에 의해 촉진된 경관변화는 자연생태계의 역동적인 변화속도보다 수천 배 이상으로 진행되었다. 결과적으로 파편화 과정은 애틀란틱 산림지역 생물군계 면적의 11.7%까지 감소시켰다. 아마존 개발을 위한 군부의 전략은 분배적 측면에서의 불공평했음에도 불구하고 경제적 부는 창출했다. 군부체제하에서 산림관리의 기본적 방향은 산업화에 있었다. 산림 플랜테이션에 대한 강조도 이러한 방향의 일환으로 나타난 것이다.

1970년대 석유파동과 외화수요 증가로 인해 브라질 정부는 도로건설과 이주에는 이전보다는 투자를 축소하는 한편 브라질 아마존 지역에서 광산, 목축, 산림분야에서의 수출 중심의 대규모 사업을 촉진하는데 중점을 두었다. 이러한 농업 및 광업 주축 프로그램(POLAMAZONIA)[8]은 1974년에서 1987년 동안 활발히 진행되었으며 재정적인 인센티브와 보조금 크레딧을 통해 투자와 외환벌이를 증가시키고 기반시설을 개발하고자 하였다(Mahar, 1989).

2) 수출 위주 정책

그림 4는 정부 정책, 경제적 상황, 통나무 생산 및 벌목과 무역 그리

---

7) http://www.globalforestwatch.org

8) 아마존지역에서 농업과 광업 주축 프로그램(Programa de Polos Agropecuarios e Agrominerais da Amazonia. 15개의 개발중심지에 대한 지원을 함.

<그림 4> 통나무 생산과 무역, 펄프와 종이용 식재면적과 벌목 면적

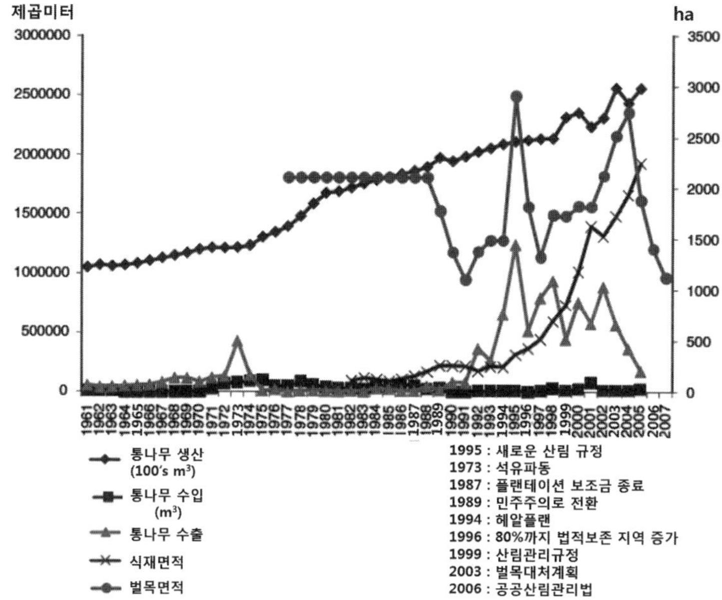

자료: Onil Banerjee et al.(2009)

고 식재면적사이의 관계를 1961년부터 2007년까지 나타낸 것이다.

1973년 석유파동이후 목재생산이 엄청나게 증가했다. 산림 플랜테이션은 기하급수적으로 성장했으며 1987년 플랜테이션 보조금 지급 정지에는 거의 영향을 받지 않았다. 통나무 수출은 벌목과 밀접하게 연관되어 나타났다. 또한 수출에서의 변동은 헤알계획(Plano Real)과 법적 보존지역 요건에서의 변화 그리고 새로운 산림관리규정의 개발과 관련하여 나타났다. 산림벌채 추정량 또한 이러한 일반적인 경향을 따른다.

2005년까지 산림벌채의 규모는 꾸준히 증가한다. 1978년에서 1989년 사이와 비교하면 1990년대의 수년 동안은 산림 벌목율이 약간 감소하기도 하였지만 1995년에서 2005년에는 산림 벌목율이 기록적으로 높아졌다. 이러한 변동은 거시경제적 요소와 관련이 있을 것으로 보인다. 예를 들면 1991년에서 1994년 사이에 산림벌채율이 비교적 낮았던 이유는 그 이전에 일어났던 은행계좌 동결[9]과 관련 있을 것으로 보인다. 이 시기는 경제적 활동과 투자가 위축된 시기였다. 1995년에 나타난 벌목량 증가는 헤알계획의 안정화 조치 덕분에 이용할 수 있는 투자펀드가 증가한 결과 나타난 것으로 볼 수 있다. 헤알계획에 따른 산림벌채 증가를 저지하기 위해서, 그리고 국제사회에서 환경정책분야에서의 브라질 신뢰도를 높이기 위해 산림관련 공약이 통과되었고(공약 조치 1.511, 1996년 8월 22일) 아마존 생물군계에서는 법적 보존지역이 80%까지 증가하였다. 2000년대 초반 산림벌채의 증가경향은 경제적 성장에 대한 결과로 나타난 것으로 보인다. 2004년 이후의 벌목 감소요인은 산림벌채에 대처하는 정부 액션 플랜과 미국달러에 대한 브라질 헤알(real)의 강세를 들 수 있다. 1995년에서 2007년 사이의 벌목지역과 산림벌채 이전년도의 소가격 지표와의 밀접한 연관성을 보인 연구도 있다. 또한 최근 일련의 사건들은 산림토지이용에 현저한 영향을 주는 것으로 나타났다. 예를 들면 브라질의 대두 생산의 증가를 들 수 있다. 대두생산 확대가 이미 이전에 방목을 위해 식생이 제거된 지역에서 일어난다는 주장이 있음에도 불구하고 최근의 연구에서는 2003년에 벌목을 통해 산림을 경작지로 직접 전환하는 과정에서 23%의 산림이 벌채되었다는 것을 보여주고 있다. 이러한 벌목 증가는 대두생산 증가가 아마존과 세하두 생

9) 1990년 3월 콜로르가 취임하던 무렵 월 물가 상승률이 81%에 달해 있는 등 경제적 위기에 처하자 물가를 잡는 방법으로 콜로르 계획을 발표하였다. 반 인플레이션 계획으로 모든 예금을 80%를 18개월 동안 동결시킨 후 물가 인상률에 연이자 6%를 더한 현행금리로 돌려주도록 했다. 이 당시에 물가와 임금도 동결하였다. 이러한 자산동결로 유동성이 급감하자 경제활동이 둔화되었다(리오던 로엣, 2011: 123).

<그림 5> 브라질 아마존 지역에서의 벌목지역과 추이

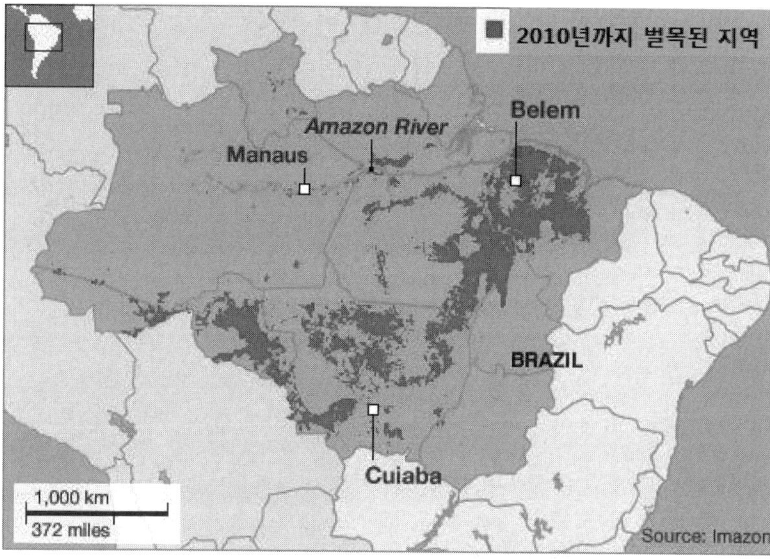

19988년 이후 아마존에서의 벌목

단위 : 천 평방킬로미터/연

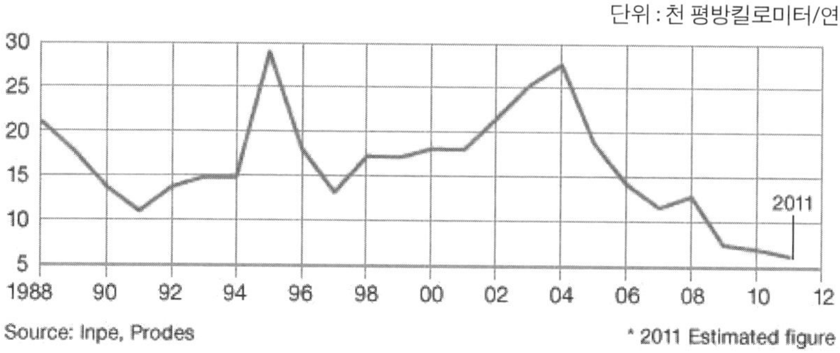

출처 : http//www.bbc.co.uk/news/world-latin-america-17851237

태계에 큰 위협이 될 수 있음을 잘 보여준다. 브라질 경제는 룰라 정부의 수출 성장 촉진정책에 힘입어 크게 성장하였다. 특히 농업부문에서 수출이 크게 성장하였다. 그 결과 브라질은 값싼 생산물 국제시장의 대열에 들어섰고, 이는 브라질의 새로운 경제적 붐에 대한 전망을 내놓게 했고 특히 마투그로수(Mato Grosso) 등에서의 대두 농업 확대를 초래하였다(Banerjee et al., op. cit.: 137-138).

그림 5는 2010년까지 벌목된 아마존 지역과 1988년 이후 아마존에서의 벌목 추이를 해마다 천㎢의 단위로 나타낸 것이다. 세하두 지역에서의 벌목이 특징적으로 잘 보인다. 벌목추이를 보면 1995년 2004년에 가장 넓은 지역에서 벌목이 이루어진 이후 점점 감소하는 추이를 보이고 있다.

소 방목 및 소의 수출 증가 또한 브라질 아마존에서 산림벌채의 주요 요인이다. 이는 브라질 화폐인 헤알의 재평가와도 연관이 있는데, 이는 소 방목이 농부에게 더욱 이윤이 생기도록 해주었으며, 농부가 더욱 산림을 벌목하도록 부추기는 결과를 가져왔다. 정부가 불법적인 벌목을 통제하고 감시하고 보존지역을 설정하여 산림이 벌목되는 양을 줄이는데 성공해왔음에도 불구하고 2008년에 벌목량은 다시 증가하였었다(그림 5). 그림 6은 쇠고기와 경목(hardwood)수출이 증가하면서 산림파괴가 얼마나 증가했는가를 보여준다.

<**그림 6**> 경목 및 쇠고기 수출과 산림벌채 추이 비교

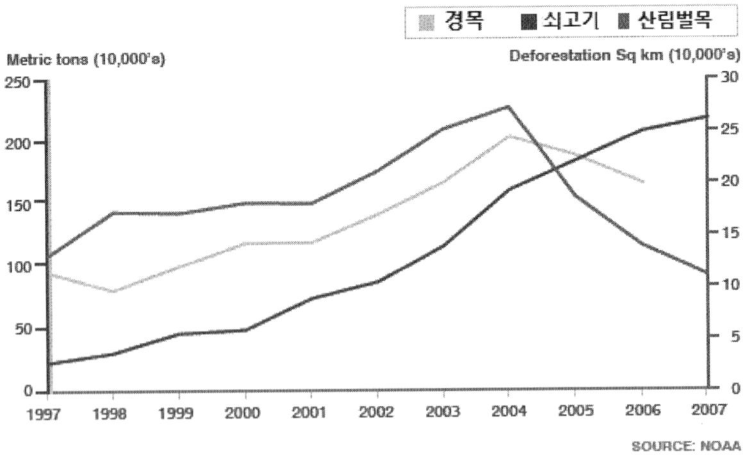

출처 : http://news.bbc.co.uk/2/hi/americas/7360258.stm

3) 지주와 농민의 경제적 이해관계

산림보호지역의 확대와 훼손시의 규제와 관련하여 지주와 농민의 경제적 이해관계가 첨예하게 대립하고 있으며 입법상의 논란이 계속되고 있다. 산림에 의존하는 원주민들이나 소작농들은 벌채업자나 목축업을 위해 산림을 소각하는 토지소유자들과 마찰을 빚어왔다. 2006년 브라질 의회는 공공산림관리법(Public Forest Management Law)을 통과시켰다. 이 법은 연방과 지방자치단체 소유의 산림이용에 대해 환경적, 경제적, 사회적으로 고려했을 때 보호할 필요성이 있는 지역에 대해 국가산림지역으로 설정하고 각 지방자치단체에 할당된 일부 지역 산림에 대한 자유로운 이용과 특정지역 산림 이용에 있어서 '산림허가계약(Forest-Concession Contract)'이 필요함을 규정하고 있다(최승필, op. cit.: 199-200).

2010년 7월 의회 하원의 특별위원회는 브라질 자생 식물의 보존을 현저히 줄일 수 있는 산림법의 개정을 승인하였다. 승인된 수정안은 아마존 산림 지역을 위협에 빠뜨릴 뿐만 아니라 애틀란틱 산림과 세하두에도 위협이 될 수 있다. 세계에서 가장 넓은 습지가 위치한 지역과 세하 두 마르(Serra do Mar) 산을 따라 암석이 많은 고도의 판타날과 같은 민감한 지역은 많은 동 · 식물의 서식지로 알려져 있는데, 새로운 수정안에 의해 큰 영향을 받을 수 있다. 현재의 산림법에서 45도 이상의 자연적 경사와 1,800미터 이상의 산 정상뿐만 아니라 수변식생도 영구보호지역(Areas of Permanent Protection: APP)으로 구분된다. 이러한 영구보호지역으로의 구분은 완전히 보존되어야 함을 의미하며 만약 어떠한 이유로 파괴된다면 자생적인 종만을 이용하여 복원되어야 한다(Joly, 2010).

브라질의 농부 로비단체들은 지속가능한 식량생산을 촉진하기 위해 산림법 개정이 필요하다고 주장하는 한편 환경주의자들은 새로운 산림법이 재앙이 될 것이며 아마존 지역과 환경적으로 보호하여야 하는 핵심지역의 파괴를 더욱 부추길 것이라고 주장하였다. 브라질 의회는 이러한 논란의 여지가 있는 산림법을 2012년 4월 통과시켰다. 이 새로운 법안에서 농부들은 언덕의 꼭대기에서부터 강둑에까지 토지를 경작할 수 있으며 이러한 경작이 가능하게 된다면 침식이 심해질 것이라는 우려도 있었다. 또한 이 법안에서는 2008년 7월 이전의 불법적인 벌목에 대해서 벌금을 면제해주는 내용이 포함되어 있었다. 그러나 2012년 5월 지우마 호우세피(Dilma Rousseff) 대통령은 2008년 이전에 발생된 불법벌목행위에 대한 처벌 면제조항과 아마존 지역 토지소유자의 산림보존비율 축소(기존 80% → 50%) 조항 등 12개의 조항에 대해 거부권을 행사하였다. 이 거부권 행사로 농지로 사용하기 위해 산림지역을 벌채한 토지소유자는 산림지역 재건의무를 가지게 될 것이다. 한편 브라질 환경부 장관은 산림법 개정안과 관련하여 불법 벌채에 대한 사면권 부여 및 산림보존 비율 축소를 허용하지 않을 방침이라 밝히기도 했다. 그러나 지우마 대통령의 거부권이 산림보호에 그다지 우호적인 것은 아니라는 견해도 있다. 지우마 대통령이 완전한 거부권과는 거리가 있는 부분적 거부권을 행사했고 수정을 요구한 것뿐이며, 환경주의자들이 주장해온 아마존 보호를 강화하는 어떠한 조치도 포함되지 않았다고 비판했다.[10)]

4) 기후변화와 산림

기후변화 완화의 필요성에 대한 국제적 동의와 온실가스 감소를

10) http://amazonwatch.org/news/2012/0601-the-hidden-reality-in-dilmas-forest-codeveto

위한 바이오연료 정책이 산림에 영향을 준다. 브라질은 세계에서 두 번째 규모의 에탄올 생산국이다.

브라질의 바이오 에탄올을 얻기 위한 역사는 1920년대로 거슬러 올라간다. 사탕수수로부터 에탄올을 추출하는 기술 개발이 시도되면서 에너지원으로 부각되었다. 이 당시 국제시장에서 석유가격이 높았고 공급도 어려워서 브라질에서는 사탕수수로 만든 에탄올의 연료 사용을 시도했다. 특히, 1930년대 초반 다양한 법령들(대통령령 제19717호, 1933년 법령 제737호)을 통해 석유와 에탄올을 혼용한 새로운 형태의 에너지 소비를 장려하였고, 혼용 사용을 의무화하면서 사탕수수 에탄올은 브라질의 중요한 에너지원으로 등장하게 되었다. 또한 1970년대 전 세계적 석유파동은 석유소비의 90% 이상을 수입에 의존하던 브라질에게 악영향을 주었는데, 특히 급등한 유가로 인해 석유수입이 브라질 전체 수입액의 50%에 달하는 무역수지상의 심각한 문제를 야기하게 되었다. 1차 석유파동으로 인해 국제시장에서 석유가격은 급상승하였고 브라질 경제는 상당히 충격을 받게 되었다. 동 기간 설탕가격 폭락으로 인한 설탕수출국인 브라질의 무역수지상의 문제 해결방안으로 사탕수수를 이용해 부족한 에너지를 충당한다는 목표를 세우고 이를 실현시키기 위해 1975년 국가 에너지 프로그램인‘프로알콜(Pró-Álcool)’을 발족시켰다. 이를 위한 대규모 프로젝트를 통해 경작지가 확대되고 생산 공장이 생겨나게 된다(하상섭, 2010: 31-54).

브라질의 사탕수수를 통한 바이오 에탄올 생산은 브라질의 에너지 공급력을 제고하는 동시에 친환경적인 에너지원으로의 전환을 가져왔다는 장점도 있으나 동시에 경작지 확대를 통해 토지피복이 변화되는 과정도 겪고 있다. 에탄올 생산을 위한 사탕수수 재배면적은 2020년까지 121% 증가할 것으로 예상된다.[11] 이러한 사탕수수 재배

11) 브라질 사탕수수 산업협회(UNICA), 2008.

면적의 증가는 산림벌채를 초래할 것이다.[12]

2009년에 브라질 연방정부는 국가기후변화정책(National Policy on Climate Change: NPCC)[13]을 발표하였다. NPCC는 기후변화로 인한 위험을 줄이는데 중점을 둔 정책이다. 여기서는 인위적 온실가스 배출을 줄이고자 실행되어야 하는 조치들에 대해 적고 있다(4항). 2020년 배출추정량에 비해 38.9%까지 탄소 배출을 줄이는 내용을 담고 있으며 사회와 경제적 개발이 기후체계의 보존과 양립할 수 있어야 하며, 필요한 적응 전략이 실행되어야 함을 강조하고 있다. 또한 환경과 그 생물군계를 보존 및 복원하고, 보호지역은 합병, 확장해야 하며 영향을 받은 지역의 재식림 및 복구 지원을 내용으로 하고 있다. 그러나 NPCC는 그 목표를 달성하는데 중요한 관련 연방환경정책, 예를 들면 국가농업계획(National Plan for Agriculture), 산림법, 생물다양성 정책 등과 통합되거나 조정되지는 못하였다.

05 결론

1980년대 말에 이르러 브라질 산림은 환경 및 사회운동의 출현과

12) 한편으로 바이오 에탄올의 기후변화 완화에의 기여도도 생각해볼 수 있다. 브라질의 사탕수수 에탄올의 경우, 자동차가 1리터 가솔린을 사용하여 주행하였을 때 약 2.2킬로그램의 이산화탄소를 방출하는데 비하여, 같은 양의 에탄올을사용하여 주행할 경우 이산화탄소 배출량은 약 1.3킬로그램으로써 이산화탄소 배출량을 약 60% 정도 줄일 수 있는 장점이 있다. 더구나 식물인 사탕수수는 재배과정에서도 상당량의 이산화탄소를 흡수하기 때문에 사탕수수 에탄올은 단지 소비 과정에서만 60% 정도의 이산화탄소 감소 효과를 갖는 것이 아니라 그 재배과정에서도 비슷한 효과를 보인다(재인용 하상섭, 2010).

13) Federal Law No. 7.661/88

함께 정치적 아젠다로 떠올랐다(Singer, op. cit.: 43-45). 본 논문은 100여 년 동안 브라질 산림정책을 간략하게나마 기술하고 산림정책에 영향을 미쳤던 사회·경제적 사건과 환경적 영향을 살펴보고자 하였다. 또한 환경과 경제적 성장사이에서 변화를 시도해온 브라질 산림정책에 대해 기술하였다. 산림정책은 환경보존 정책, 목재생산 정책, 농업정책, 농지개혁정책, 기반시설 정책 등에 의해 크게 영향을 받는다. 또한 지주들의 로비와 소작농의 이해관계는 정치권에 영향을 주어 정책변화를 유도하기도 하였다. 브라질에서 성장하고 있는 시민사회의 참여와 국제적 관심도 브라질의 산림정책에 주요 변수로 등장해온지 수십 년이 지났다. 최근의 기후변화는 저탄소에너지로서 바이오 에너지의 중요성을 부각시킨 반면에 산림지역이나 사바나 지역의 토지변경을 가져오는 주요요인이 되고 있어 국제적인 관심을 받기도 하였다. 앞으로 브라질 산림은 환경보존과 국가적 차원의 경제 성장이라는 두 가지 목표사이에서 균형점을 찾아야 하며, 지속가능한 성장의 한 단면으로 발전되어야 한다.

참고문헌

리오던 로엣(2011). 『브라질-남미의 새로운 지배자』, 김선영 역, 서울: 민음사.

최승필(2011). "브라질 환경법의 구조와 기후변화의 법제적 대응" 『중남미연구』 제29권 2호, 193-223.

하상섭(2010). "국제환경과 에너지안보 측면에서 본 브라질에탄올 산업의 가능성과 한계" 『포르투갈-브라질 연구』, 제7권, 1호, 237-270.

Azevedo-Ramos, Claudia et al.(2006). "Integrating Ecosystem Management, Protected Areas, and Mammal Conservation in the Brazilian Amazon" Ecology and Society, vol. 11, no. 2.

Banerjee, Onil et al.(2009). "Toward a policy of Sustainable Forest Management in Brazil: A Historical Analysis" Environment & Development, vol. 18, no. 2, 130-153.

Barreto, Paulo et al.(2006). Human Pressure On The Brazilian Amazon Forests. World Resources Institute.

Food and Agriculture Organization of the United Nations(2009). Global Forest Resources Assessment 2010 Brazil Country Report.

Joly, Carlos A.(2010). "he changes proposed in the Brazilian Forest Code do not have scientific support" Biotaneotropica, vol 10, no. 4, http://www.biotaneotropica.org.br/v10n4/pt/editorial

Mahar, D.J.(1989). Government policies and deforestation in Brazil's Amazon Region, Washiton, DC:The World Bank.

Pédua, J. A.(1996). "Natureza e projeto nacional: nascimento do ambientalismo brasileiro". O ambientalismo no Brasil: Passado, Presente e Futuro. E. Svirsky, J. P. Capobianco e J. A. Pádua(eds). São Paulo: Instituto socioambiental. 1-112.

Singer, B.(2006). Brazilian Forest-Related Policies: A Multisectoral Overview of Public Policies in the Brazilian Amazon since 1964. Unpublished Report.

Tebaldi, A. L. C; Fiedler, N. C.; Dias, H. M.(2012). "ulnerability and anagement of Protected Areas from the State of Espirito Santo, Brazil" loresta e Ambiente, 1-9.

인터넷 자료

http://www.globalforestwatch.org/english/interactive.maps/Brazil_Datasets.htm#AgrarianSettlement

http://www.bbc.co.uk/news/world-latin-america-17851237

http://news.bbc.co.uk/2/hi/americas/7360258.stm

http://www.globalforestwatch.org/english/interactive.maps/Brazil_Datasets.htm#AgrarianSettlement

http://amazonwatch.org/news/2012/0601-the-hidden-reality-in-dilmas-forest-code-veto

http://www.abiove.com.br.

라틴아메리카 지역의 청정개발체제(CDM) 프로젝트의 현황과 미래

Current trends, future projections of CDM in Latin America Region

An effective global agreement to mitigate climate change will essentially have to involve both industrialized and developing countries to reduce remarkable emissions. But developing countries have other urgent development challenges and feel inequity in that industrialized countries were not constrained by requirements to reduce their emissions during their development process. CDM has considered as a method that can be satisfied both equity and efficiency between industrialized and developing countries.

In this paper, Latin America status and future potential of the CDM were reviewed. The largest portion of emissions is a transportation sector in Latin America regions, and Latin America's most distinctive emission part is related to deforestation. In particular, there is a great advantage of forest in that it can be used not only absorption of greenhouse gas but also corresponding climate change mitigation and forest through a variety of services in the ecosystem that forests provide. In spite of that, the forest, long-term time -consuming, can exposed to changes various factors and can have difficulties of monitoring and verification. Therefore forest as CDM is hard to satisfy yet to be incorporated into the format and strict procedures of CDM. Forest and land use are the most characteristic of the greenhouse gas emissions of Latin America, and contribute to global climate change. Considering that, it is necessary to find a way of incorporation to CDM and REDD. In procedure and form in CDM, it should be expanded. In addition, the transport sector is associated with air pollution in Latin America, which accounts for the biggest part of the greenhouse gas emissions in the region. Therefore, the transportation is urgent sector for the improvement of environmental quality and reduce greenhouse gas emissions substantially in the area . Therefore, it is necessary to look for ways through the diversity of CDM projects in the transport sector more to get a substantial benefit to the region.

KEYWORDS

Latin America Region, CDM Project, Deforestation, Transportation

요 약

라틴아메리카와 카리브해 지역에서 많은 이산화탄소를 배출하는 대표적인 두 요인은 산림벌채 및 토지이용변화, 그리고 교통이라고 할 수 있다. 1997년 교토의정서 채택이후로 개발도상국의 온실가스를 줄이기 위한 청정개발체제(Clean Development Mechanism) 사업이 급속도로 발전해왔고 라틴아메리카 지역은 이 사업의 초기인 1990년대 말부터 인도와 중국이 CDM사업에서 두각을 나타내기 시작한 2006년 전까지 CDM에서 활발한 행위자였다. 여기서는 라틴아메리카 지역에서의 교통이용량 증가와 산림벌채로 인한 온실가스 증가를 완화하기 위한 CDM 가능성을 검토하였다. 교통은 라틴아메리카와 카리브 해 지역의 에너지 관련 배출의 가장 큰 몫을 차지하는 부문이다. 1980년대 이 지역에서 교통부문은 총 에너지 소비의 29.3%를 차지하였으며 2005년에는 31.7%로 증가하였다. 또한 세계에서 토지이용변화(LUCF)로 인해 가장 큰 배출량을 내는 국가는 브라질로 2005년 현재 1,329Mt을 차지하고 있으며 이는 조사된 161개국 중 배출 순증가량을 보인 국가들의 총 배출량인 2,137Mt의 절반 이상을 차지하는 큰 양이다. 이러한 두가지 분야에서의 감축 사업은 통합적이고 장기적인 투자를 필요로 하기 때문에 투자자가 느끼는 리스크는 크지만 투자되는 지역에서는 다양한 사회적·환경적 효과를 극대화할 수 있는 부문이기도 하다. 여기서는 라틴아메리카 지역에서 교통과 산림 부문 CDM사업의 가능성에 대해서 알아보고자 한다.

KEYWORDS

CDM프로젝트, 산림벌채, 교통, 라틴아메리카 지역

01 서론

개발도상국은 빈곤퇴치를 위해 높은 경제성장을 달성해야 하는 중요한 과제에 직면해 있다. 기후변화로 인한 영향에 적응하는 한편, 부정적이고 지속적인 피해를 피하기 위해서는 추가적인 자원을 투입해야 하기 때문에 개발도상국에게는 더욱 부담이 되는 문제이다. 또한 기후변화를 둘러싼 국제적 동향은 개발도상국들이 전례 없는 방법으로 온실기체의 배출 성장과 소득의 패턴을 급속히 탈동조화(decoupling)하는 방법을 찾도록 촉구하고 있다는 점에서 개발도상국으로서는 큰 부담이다.

청정개발체제(Clean Development Mechanism, 이하 CDM) 사업은 1997년 교토의정서 채택이후로 급속히 발전되어 왔다. 1998년에 거래된 배출감축량 20MtCO_2e에서 2004년 100MtCO_2e으로 그리고 2007년에는 537MtCO_2e로 증가하였으며, 그동안 개발도상국의 기후변화 완화를 위한 재정적 지원책이자 동력역할을 해왔다. 특히, 이 사업에서는 화석연료 에너지를 재생에너지로 교체하는 대안책이나 매립식 쓰레기처리에서의 메탄 포집, 에너지효율성 증가 등의 프로젝트를 통한 온실기체 배출감축을 촉진해왔으며, 라틴아메리카와 카리브해 지역과 개발도상국 기타 지역에서 시장에 기반한 완화 활동을 촉진해왔다. 라틴아메리카와 카리브해 지역에서 생성된 CERs(Certified Emission Reduction, 이하 CERs)의 규모와 CDM 프로젝트의 절대적인 수로 보았을 때, CERs의 시장은 브라질과 멕시코에 의해 지배되며, 이 두 국가가 라틴아메리카와 카리브해 지역에서 나오는 CERs 공급의 60% 이상을 차지하고 있다(The World Bank, 2010: 86).

최근 들어, 아시아 지역에서의 CDM 프로젝트는 크게 증가하고 있는 반면에 전체 CERs 공급에서의 라틴아메리카와 카리브해 지역의 몫은 상대적으로 감소하고 있다. 특히 CDM 프로젝트에서의 중국의 성장은 이 국가에서 프로파일을 충족시키는 수많은 프로젝트가 가능하다는 것을 반영한다 할 수 있다. 또한 최근 몇 년간 유럽시장에서의 CERs의 가격폭락을 보면 배출권 거래제에 대한 기대보다는 우려가 커지고 있다. 그러나 기후변화에 직면하여 산업국과 개발도상국사이의 형평성과 효율성 측면을 고려해볼 때 CDM 사업은 장점이 매우 크며, 산업국의 배출감소 의무를 효율적으로 달성하기 위해서 CDM 프로젝트는 계속될 전망이다.

라틴아메리카와 카리브해 지역의 포트폴리오 분석에서 가장 두드러진 특징은 이 지역에서 이산화탄소 배출 중 큰 부분을 초래하는 산림과 토지이용에 대한 프로젝트의 부족이다. 지구적 완화노력에 대한 이 지역의 주된 기여 중 하나는 분명 산림 파괴율의 감소를 들 수 있다. 그러나 산림 파괴로 인한 배출을 감소시키는 활동이 CDM에서는 제한적이다. 토지이용변화 및 산림관련 부문 중 산림 조림과 재식림만이 현재 CDM 내에서 인정되고 있다. 또한 교통도 라틴아메리카와 카리브 해 지역의 에너지 관련 배출의 가장 큰 몫을 차지하는 부문이다. 라틴아메리카 지역의 온실기체 배출원 중 큰 부분을 차지하는 교통이나 토지이용에 관한 CDM 사업의 고려가 절실히 필요한 시점이다. 여기에서는 지금까지의 라틴아메리카 지역의 CDM 현황과 성과를 살펴보고, 교통과 산림부문에서의 CDM프로젝트 가능성에 대해 중점적으로 논의하고자 한다.

02 기후완화를 위한 국제적 합의와 라틴아메리카의 역할

1) 국제적 합의의 특성

기후변화 완화를 위한 글로벌 합의는 두 가지 특성을 포함하고 있다.

첫째는 형평성이다. 산업화된 국가들은 기후변화를 야기한 대기중의 누적된 온실기체에 매우 큰 역사적 책임을 가지고 있다.[1] 특히, 기후변화에 대한 상이한 수준의 국가들의 상이한 책임에 대해 고려하는 것이 중요하며, 문제를 처리하는 데 있어서 그들의 능력과 완화 활동을 수행하는데 있어서 그들의 잠재성을 고려하는 것도 중요하다. 북-남 대화(North-South Dialogue)에서는 (1) 완화 노력은 배출을 줄일 가능성이 높은(중간이상의) 국가에 집중하고 (2)각국은 온난화에 대한 책임과 타 국가에 대한 지원 능력의 정도에 따라 글로벌 노력에 재정적인 기여를 하며 (3) 온난화에 대한 책임이 상대적으로 작은 국가들에 의한 기여는 자발적이어야 하며 (4) 온난화에 대한 책임이나 지원능력이 중간수준인 국가들은 선진국들로부터의 재정적 · 기술적

---

1) 개발도상국의 책임이 작다는 것은, 1850년에서 2004년 까지 부유한 국가들의 에너지 관련 배출의 축적량은, 1인당 기준으로 볼 때, 개발도상국의 12배 이상이라는 사실로 설명할 수 있다. 각각 664와 52tCO_2 p/c5. 산업화된 국가들의 인구가 세계 인구에서 차지하는 비율이 단지 약 20%일지라도 1850년대 이후로 축적된 전 세계의 에너지 관련 이산화탄소 배출의 75%에 대해 책임이 있다. 이러한 두 집단의 국가들 사이의 차이는 1950년에서 2000년 사이의 상대적으로 더 짧은 기간 동안에 에너지로부터의 배출뿐만 아니라 토지이용 변화로부터 배출을 고려할 때 비교적 더 적지만 아주 중요하다. 토지이용변화 관련 배출은 이전의 기간에서는 이용가능하지 않았다. 이 경우 산업화된 국가들의 누적된 온실기체의 배출량은 457tCO_2 p/c로 개발도상국의 103tCO_2 p/c과 비교된다. 따라서 부유한 국가들에게 전지구의 온실기체배출을 줄이는 것과 관련된 비용의 상당부분을 기대하는 것은 당연하다.

이전에 따라 달라져야 한다고 보았다(Ott et al., 2004). 국가별 책임은 온실기체 배출의 집적으로 표현할 수 있는데, 예를 들면 19세기 중반에 시작되어, 지구의 인위적인 배출이 처음으로 현저한 경향을 보였다거나 또는 온실기체 배출의 기후영향에 대한 과학적인 합의가 있었던 1990년 기후변화에 관한 정부간 협의체(International Panel on Climate Change, 이하 IPCC)의 첫 보고서가 출간된 기점으로 정할 수 있다. 각 나라들의 능력 수준은 적응과 완화활동에 기금을 제공할 수 있는 능력을 말하는 것으로, 1인당 GDP의 수준이나 유엔의 인간개발지수를 가지고 도출할 수 있다. 국가별 기후변화 완화 잠재성에 관해서는 인구나 GDP 대비 온실기체 배출의 성장률과 수준 등 절대 값으로 산출할 수 있다. 사실 배출정도나 성장률이 이미 낮은 지역에서는 국내 완화 조치에 대한 여지가 더 적다(Ellis & Kamel, 2007).

둘째는 효율성으로, 이는 탄소의 획일적 가격 등을 구성하기 위한 체제를 필요로 하고, 이는 가장 싼 가격으로 감축을 얻을 수 있는 방법과 지역에서 실행될 것이라는 것을 의미한다. 따라서 만약 개발도상국이 온실기체배출을 줄일 수 있는 활동에서 비교우위에 있다면 비용-효율성의 고려는 국제적 감축 노력에서 이 국가들에게 상대적으로 많은 양이 할당되도록 할 것이다.

배출감축의 장소와 지불을 분리하는 것은 가능하다. 한 가지 옵션은 국제적인 한도(cap)과 거래체계를 채택하는 것이다. 이를 통해 각국이 글로벌 노력에서 각기 다른 수준의 기여에 합의한다 할지라도, 이산화탄소에 대한 공통의 가격이 출현할 것이다. 이는 배출에 대한 각기 다른 한도를 의미한다. 자원은 자동적으로 낮은 비용으로 감축할 수 있는 국가에 배출감축을 지불하기 위해 흘러들 것이고, 이에 따라 상당수준의 감축 노력에 재정을 지원하게 될 것이다. 캡 앤 트레이드(cap-and-trade)체제 또는 국제적인 탄소세 협상과 관련된 과제를 고려하면서, 지불을 하는 장소와 감축이 일어나는 장소를 분리하는 타 대안을 고려해볼 수 있다.

산업국들이 더 강한 배출 감축 공약을 한다면 시장기반의 확대된 제도는 중요한 역할을 할 수 있을 것이다. 이는 잠재적으로 더 포괄적인 CDM을 상정한다. 또한 상호보완적인 비시장 재정 제도는 재정을 제공하는 쪽에게 배출권을 이전하지 않는다 할지라도 개발도상국에서 완화의 비용의 일부를 지불해주는데 도움을 줄 수 있다. 여러 제도 유형의 적절한 조합을 찾는 것은 기술적 측면에서나, 관련협정의 협상과 관련하여 복잡하다. 특히 그러한 협정은 시장메커니즘 내에서 수요와 공급을 적절히 균형을 유지해야 할 뿐만 아니라, 비 시장메커니즘 내에서 개발도상국에서의 감축을 촉진하기 위해 효과성과 산업화된 국가들에서의 지불의사액 사이에 균형을 유지해야 한다.

경제개발과 기후변화 완화 목표사이의 서로 대립되는 요소간의 긴장을 완화하기 위하여 일부 개발도상국들은 명확한 완화책을 지겠다는 표명 없이 "기후-친화적인"개발정책에 초점을 두기 시작할 수 있다. 그리고 점차적으로 배출 증가를 제한하고 결과적으로는 어느 시점에서 배출감축을 채택하거나 적어도 배출 원단위 감축목표로 이행할 수 있다.

유엔기후변화협약(United Nations Framework Convention on Climate Change, 이하 UNFCCC)의 투자 및 재정흐름연구(Investment and Financial Flow Study)는 2030년까지 31GTCO_2의 총 감소에 필요한 감축 중 68%는 개발도상국에서 진행하며, 글로벌 경감비용의 46%로 달성할 수 있다고 추산하고 있다(UNFCCC, 2007)

아래에서는 기후변화에 대응하는 데 있어서 효율성과 형평성을 만족시킬 수 있는 장소로서 라틴아메리카 지역의 역할과 가능성에 대해서 얘기하고자 한다. 효율성 측면에서 볼 때, 라틴아메리카 지역은 최근 온실가스 감축에서 급부상하는 중국과 인도에 비해서는 양은 적지만, 교통과 산림부문에서 온실기체의 감축 및 상쇄할 수 있는 가능성을 가지고 있다. 형평성 측면에서 볼 때, 특히 이 지역의 산림감소 및 토지이용변화에 대한 선진국의 적극적인 지원이 필요하며, 이는 기존의 CDM 양식 및 지원방법에서의 수정 및 보완을 필요로 할 것이다.

2) 라틴아메리카의 역할

라틴아메리카와 카리브해 지역은 CDM에서 분명 초기의 행위사였다. 지역개발은행에 의해 설립되었던 첫 탄소 기금 프로그램인 라틴아메리카 탄소프로그램(Programa Latino Americano del Carbono, PLAC)은 1999년에 안데안개발협력(Andean Development Corporation)[2]이 만든 것으로, 마라케쉬 합의문이 CDM에 대한 양식과 절차를 수정하기 이전이었다. 1999년부터 2002년 사이 이 지역은 세계의 다른 지역보다 호스트 국가의 CDM 사업 승인 과정을 관리하는 기관인 국가승인기기관(Designated National Authorities, DNAs)이 많이 있었으며 CDM 관련 능력 육성부문에 미화 18백만 달러를 받았다. 기술훈련에 대한 투

2) 1999년 안데안개발협력 (The Andean Development Corporation)은 라틴아메리카 탄소프로그램(Programa Latino Americano del CARBONO(PLAC))을 설립하여 라틴아메리카와 카리브해 지역지역의 잠재적인 CDM 프로젝트 개발을 지원하고 모든 출자국가들에서 기후변화 기관의 역할을 강화하고자 하였다. 또한 이 프로그램은 현재 신재생 에너지와 에너지 효율성에 초점을 둔 혁신적 재정 기구를 개발하기 시작하였다. PLAC은 네델란드정부에 대한 총 77백만 유로의 배출감축 계약을 관리했고 8.7백만톤의 배출권(CER: certified emission reduction)을 성공적으로 얻었다. 이는 라틴아메리카에서 19개의 완화 프로젝트에서 나온 것이며 CDM을 통해 얻어졌다. 이 외에도 PLAC는 스페인 정부로부터 총 9백만 톤의 배출감축 구매를 계약하였고, 이 중 3백만 톤은 라틴아메리카와 카리브해 지역프로젝트에 수용되었다. PLAC는 이 지역에서 기술협력과 능력배양에 미화 150만 달러를 투자했다.

자는 즉각적인 결과를 가져왔다. 2001년에서 2004년까지 이 지역은 모든 CDM 사업의 62%를 집행위원회에 제출했고 승인된 CDM의 68%를 준비해왔다. 집행위원회가 등록한 첫 프로젝트는 2004년 브라질에서의 NovaGerar 매립식 쓰레기처리 메탄포집 프로젝트였으며, 배출감축에 대한 첫 인증서는 2005년 온두라스에서의 블랑코 강(Rio Blanco)과 라 에스페란사(La Esperanza) 물 프로젝트에 발행되었다.

그러나 2006년 중반 인도와 중국이 CDM사업에서 두각을 나타내면서, 라틴아메리카 지역은 탄소시장에서의 우위를 잃었다. 라틴아메리카와 카리브해 지역은 2004년 단지 61개 활성 프로젝트로 CDM 포트폴리오에서 모든 프로젝트의 68%를 차지하였던 반면, 2006년에는 1,387개 프로젝트의 32%, 그리고 2008년 6월초에는 3,498개의 프로젝트 중 단지 20%를 차지하였다. 마찬가지로 거래된 CERs의 총량 중에서 라틴아메리카와 카리브해 지역이 차지하는 비율은 2003년 72%에서 2007년 11%로 떨어졌다. 이 중에서 6%는 브라질에 의한 것이다. 중국의 경우에는 74%, 인도의 경우는 6%였다(The World Bank, 2010: 83).

중국과 인도의 급속한 성장은 기본적으로 CER의 막대한 양을 획득한 수소불화탄소(HFC-23) 감축 프로젝트에 기인한 것으로 볼 수 있다. 수소불화탄소(HFC-23)가 CO_2에 비해 지구온난화 잠재성을 높기 때문에 이러한 승온효과를 감안하여 많은 CERs이 발행되었다. 그러나 이러한 유형의 프로젝트는 전세계적으로 감소하고 있고, 지난 10년 동안 중국과 인도는 시장에서 신재생에너지, 산업부문에서의 에너지효율성 개선, 그리고 메탄 회복과 이용 등과 같은 기타부문으로 CDM 포트폴리오를 확장시키고 공급을 다양화하여 CERs의 공급량을 유지하고 있다.

이와는 대조적으로, CDM의 초기 이후로 라틴아메리카와 카리브해 지역에서 나온 프로젝트는 다른 지역의 CDM 프로젝트보다 규모가 작았다. 한 예로 활성 CDM 파이프라인으로부터 예상되는 2012 CERs에서의 이 지역의 비율은, 리스크가 없다고 가정했을 때, 항상 프로젝트 수보다 적었다. 예를 들면 2004년 라틴아메리카와 카리브해 지역은 모든 프로젝트의 68%였던 반면에 그에 상응하는 2012 CERs는 단지 50%였다. 2007년 파이프라인에서 이 지역이 차지하는 비율이 22% 로 떨어졌을 때 예상되는 2012 CERs의 비율은 단지

<그림 1> CDM 프로젝트 유형과 배출감축량(2012년까지 kCERs)

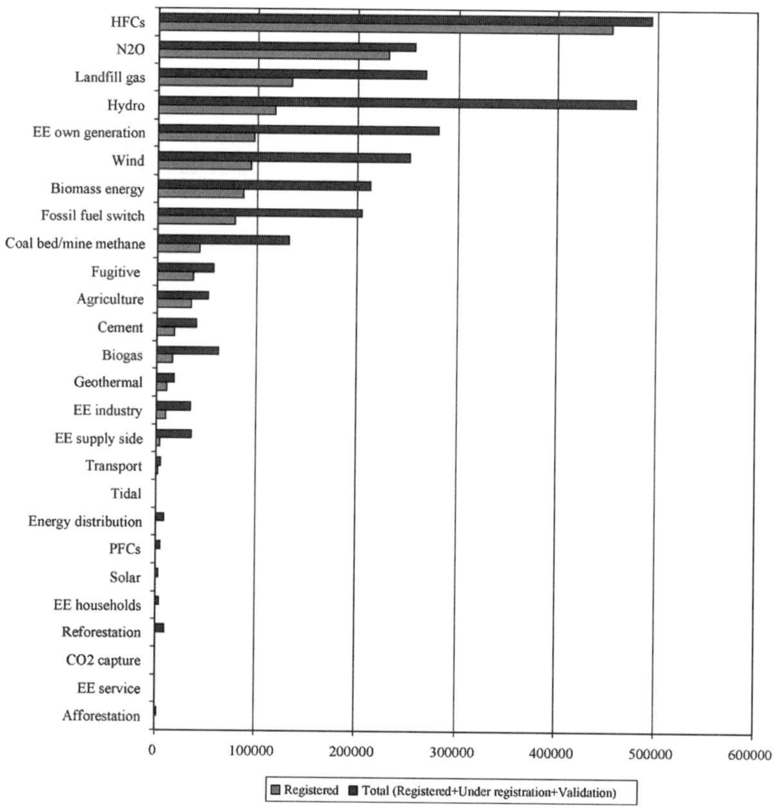

출처 : Emily Boyd et al.(2009: 823)

15%였다. 이에 비해 중국은 2007년 프로젝트의 33%를 차지하였으며 2012년 예상되는 CERs의 53%를 차지했다(Emily Boyd et al., 2009 : 823).

그림 2는 2013년 11월 현재, CDM 프로젝트를 하는 주요국가가 산출할 것으로 예상되는 CERs의 양이다. 중국은 전체 CERs의 61.4%, 인도는 11.4%, 브라질은 4.8%, 멕시코는 2.1%, 칠레와 페루는 각 1.1%, 아르헨티나는 0.8%로 예상된다.

<그림 2> 국가별 CER 산출(2013년 11월 30일 현재)

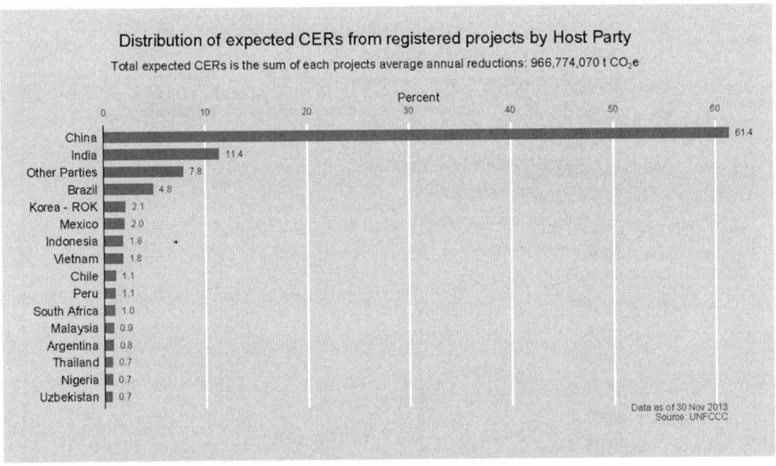

출처 : http://cdm.unfccc.int/Statistics/Public/CDMinsights/index.html

03 라틴아메리카 지역의 CDM 포트폴리오 현황

1) 현황

브라질과 멕시코는 라틴아메리카와 카리브해 지역에서 나오는 CERs 공급의 60% 이상을 차지하고 있으며(그림 3), 이 지역 온실기체 배출의 55%를 차지하고 있다. 이 양은 토지이용변화를 배제한 것이다. 브라질과 멕시코의 이러한 수행력은 방대한 토지 면적에 기인하며, 이는 CDM 관련 거래비용을 충분히 감당할 대규모의 배출 감축을 가져올 프로젝트 산업을 지원할 수 있도록 해준다. 이러한 프로젝트 유형으로는 초기의 수소불화탄소(HFC-23)배출을 줄이는 프로젝트를 들 수 있다. 그러나 최근에는 라틴아메리카와 카리브해 지역에서 재생에너지, 매립식 쓰레기처리로부터의 메탄 포집, 그리고 농산업이 점차 유망한 CDM 프로젝트 유형으로 자리잡고 있는 추세이다. 전기를 제외하면 바가스(bagasse)의 사탕수수 산업의 이용은 이 지역에서 CDM 재생에너지 프로젝트의 나머지 대부분에 해당되며 이러한 추세는 계속될 것으로 예상된다.

주요한 배출 감축 프로젝트로는 매립식 쓰레기처리, 농업과 하수처리 메탄 포집이증가하고 있다. 매립식 쓰레기처리가스 포집을 목적으로 하는 프로젝트는 라틴아메리카와 카리브해 지역의 포트폴리오에서 단지 14%를 차지하는 반면, 이 지역의 2012 CERs의 31%에 해당한다. 이 프로젝트들의 일반 규모는 아시아의 규모보다 크다. 아시아에서 이 프로젝트 유형의 비율은 2012 CERs의 양과 프로젝트 수에서 비슷한 수준이다. 농업부문에서의 CDM 프로젝트의 경우, 라틴아메리카와 카리브해 지역 포트폴리오에서 22%인 반면에 아시아

<그림 3> 라틴아메리카의 국가별 CDM 프로젝트

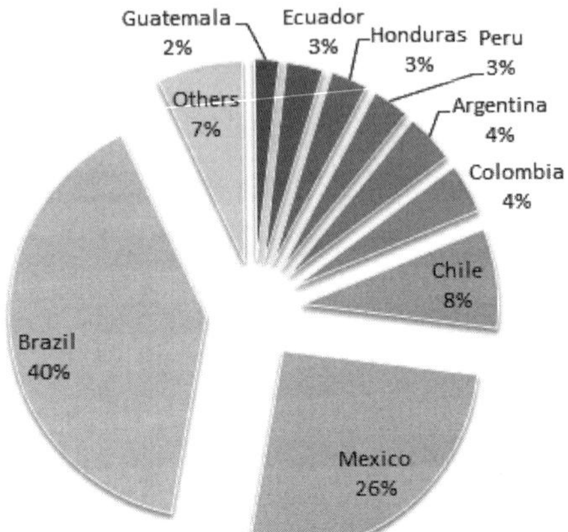

CDM프로젝트

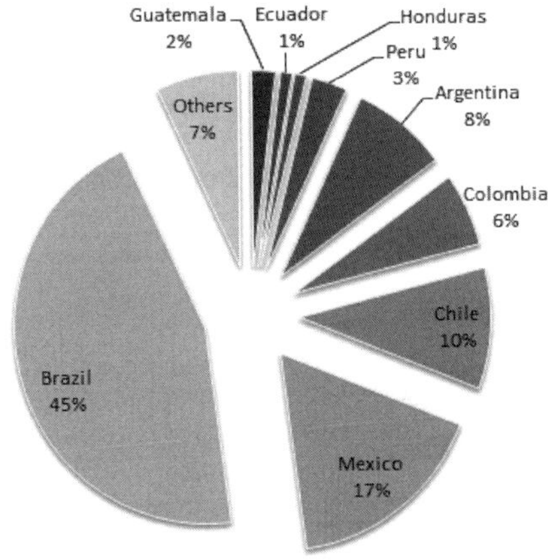

2012년까지 CERs의 양

출처 : World Bank(2008: 87)

포트폴리오에서는 단지 1%이하이다.

매립식 쓰레기처리와 농산업에서의 배출감축은 여러 가지 기술적 이유, 예를 들면 파이프라인의 연결상 문제로 인한 메탄의 누수, 선별

<표 1> 브라질에서의 CDM 프로젝트 유형

유형	프로젝트 수
폐기물처리 관련	4
화학산업 (아산화질소 감축)	2
폐기물처리 및 농업 연료로부터의 배출(고형물, 오일, 가스)	34
수력	1
풍력	4
제조업	3
금속 생산관련	1
에너지산업(재생 및 비재생 포함) (폐기물 처리, 농업)	5
조림 및 재식림	2
농업	4

출처 : http://cdm.unfccc.int/Projects/DB/BVQI1354824411.24/view

되지 않은 매립식 쓰레기처리, 메탄 생산에 부적합한 유기물 함량 등으로 인해 기대치보다 감축량이 적을 수 있다. 농산업 분야의 메탄포집성공은 수소이온농도, 온도, 그리고 배설물의 수분함유량에 달려있고, 이는 프로그램 개발자와 수의사, 농부의 관계에 의해 결정된다. 이러한 복잡성으로 인해 지구온난화에 대한 메탄의 영향이 높음에도 불구하고, 이 분야의 CDM 프로젝트는 급증하는 도시폐기물관리 문제에 대한 지속가능한 해결책을 제공하지는 못했다. 또한 이러한 단일 프로젝트 접근방법은 개발도상국의 경제에서 전체적인 온실기체의 농도에서 현저하고 지속적인 변화를 촉진할 수 있을 것 같지 않다. 개발도상국에서의 완화 노력은 프로젝트 규모의 조치에 중점을 두기보다는 에너지, 교통, 임업 등 정책기반 개혁을 촉진하는 쪽으로 변화하여야 한다. 이러한 부문별 접근법을 실행하는 한 가지 방법은 기후친화적으로 "개발우선"정책을 추구하는 한편, 시장메커니즘이 개발도상국에 의해 달성된 감축을 포함하도록 확대하는 것이다.

표 1은 최근 10년 동안 브라질에서 UN에 등록한 CDM 사업의 종류이다. 기간은 2004년 11월 18일에서 2013년 5월 15일까지 자료이다. 60개의 프로젝트 중 절반이 폐기물 처리 및 관리와 농업 프로젝트이며, 산림 프로젝트는 2개이다. 60개 사업으로 인한 연간 배출감축량은 총 11,122,871메트릭 톤(metric tonnes of CO_2 equivalent)이며, 이중 산림부문은 233,418메트릭 톤으로, 전체 배출감축량의 2%에 해당된다.

2) 프로그램 CDM[3]의 실행가능성

라틴아메리카는 프로그램 CDM(pCDM)에 많은 잠재성이 있다. 그 예로, 페루의 공공부문에서 에너지 효율, 소규모 매립 프로그램, 고지에서의 태양열 에너지, 그리고 산업용 보일러가 유망한 옵션임을 볼 수 있었다. 이러한 프로젝트는 600,000tCO_2e이상의 온실가스 배출의 감소를 매년 만들어낼 수 있을 것으로 예측되었다. pCDM 방법은 에너지 효율 프로그램의 배치를 제한해온 요인들을 극복할 수 있도록 해준다. 또한 최종에너지 이용효율성 개선으로 에너지 관련 배출량의 2/3 정도를 감축시킬 수 있을 것으로 평가되고 있다. 그 한 가지 예는 많은 개발도상국의 대도시에서 비효율적이고 많은 오염을 유발하고 있는 공공 수송체계를 효율적으로 전환하는 것이며, 이를 통해 비효율적으로 과도하게 이용되고 있는 민간수송을 감소시킬 수 있을 것이다(Figueres, 2007).

3) CDM의 확장으로 볼 수 있으며, 기존에 비용문제 때문에 추진에 어려움이 있던 소규모 감축사업들이 탄소시장에 진입할 수 있는 있도록 한 것이다. 특히 국가 정책 목표 및 제도 기반아래 개발된 온실가스 감축 프로그램 활동을 통해 발굴된 단일 CDM을 사업의 수, 규모, 지역적 경계에 상관없이 등록할 수 있는 장점이 있다.

<그림 4> CER 산출에서 소규모 프로젝트의 양(2013년 11월 30일 현재)

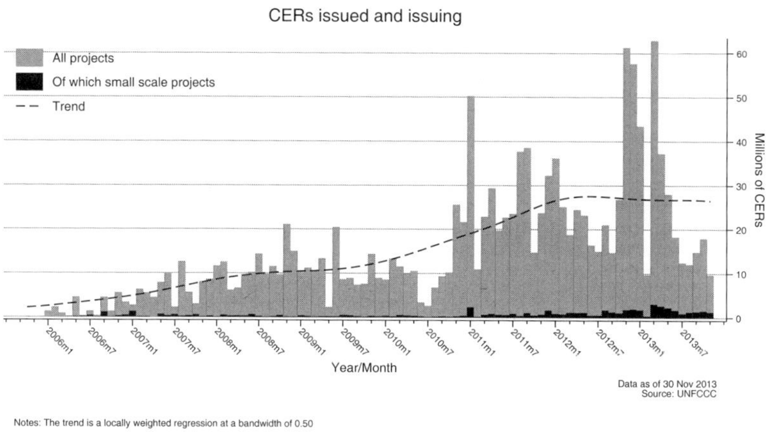

출처 : http://cdm.unfccc.int/Statistics/Public/CDMinsights/index.html

pCDM은 프로그램을 조정하는 독립체가 에너지 관련 프로그램의 경우 28년까지, 그리고 조림 및 재식림의 경우 60년까지 프로그램활동(Program of Activities, 이하 POA)의 지속기간 동안 후속적인 배출삭감을 보탤 수 있게 하는 조정가능한 등록을 허용한다. 즉, pCDM을 이용할 때, 사전에 모든 POA의 구성활동을 지정할 필요는 없다. 프로그램 접근법은 에너지 효율과 화석연료 전환 부문과 특히 관련 있다. 사실, 이 부문에서 탄소친화적인 기술의 전개는 일반적으로 개별적인 토대에서 발생하는 것이 아니라, 오히려 시간이 흐르면서 수행된 다양한 조정에 의해 발생하며, 종종 정부의 조치와 자발적인 프로그램의 결과로 수많은 가정이나 사업체에서 발생한다. 더욱이 CDM 제출과 관련된 높은 거래비용은 소규모 개별적인 프로젝트가 CDM으로 통합될 수 있는 가능성을 줄일 것이다 그러나 프로그램으로 제안하면 많은 프로젝트들에 걸친 거래비용을 희석해줄 수 있고 비교적 개발이 덜 된 중·소규모 국가들에서 국가 또는 부문별 프로그램의 실행 및 이로 인한 배출감축 가능성이 있다.

2008년 9월 현재, 방글라데시의 가정용 태양광 시스템 프로그램, 브라질에서의 돼지 농장에서의 메탄 포집, 멕시코에서의 컴팩트 형광등, 남아프리카의 태양열 온수기 등 단지 4개의 POAs가 있다. 새로운 등록이 이렇게 느리게 진행되는 것은 아마도 양식과 절차가 아직 충분히 인지되지 않았고, 과도한 의무사항이 있다는 인식이 있기 때문에 POAs에 참여하는데 DOEs(Designated Operating Entities)[4]가 소극적이었기 때문일 것이다. 예를 들면 프로젝트 계획문서에서 규정된 포함 기준에 따르지 않는 부적절한 프로젝트 활동이 포함된 경우에 책임져야 할지도 모른다는 우려에도 기인한다. 그러나 점차적으로 CDM에서 소규모 프로젝트가 차지하는 비율은 증가하고 있다. 그림 4는 2013년 현재 CERs을 발행하는 CDM프로젝트에서 소규모 프로젝트에 의한 비율을 막대그래프로 나타낸 것이다. 현재 전체 CDM프로젝트는 줄어들고 있으나 소규모 프로젝트는 비율은 상대적으로 안정적으로 유지되고 있다.

04 교통 및 산림부문 현황과 프로젝트 가능성

1) 교통부문 현황

교통은 라틴아메리카와 카리브 해 지역의 에너지 관련 배출의 가장 큰 몫을 차지하는 부문이다. 1980년대 이 지역에서 교통부문은 총 에너지 소비의 29.3%를 차지하였으며 2005년에는 31.7%로 증가하였다. 총 에너지 소비에서 교통부문이 비교적 높은 몫을 차지함에 따

4) CDM 검인증기관

<표 2> 총 이산화탄소 배출량에서 교통부문이 차지하는 비율

국가	1980		2005	
	화석연료 소비로 인한 총 CO_2 배출량 ($MtCO_2$)	전체배출량 중 교통부문이 차지하는 비율(%)	화석연료 소비로 인한 총 CO_2 배출량 ($MtCO_2$)	전체배출량 중 교통부문이 차지하는 비율(%)
아르헨티나	95.9	32.7	140.9	28
볼리비아	4.3	49.1	11.9	30.3
브라질	178	41.1	329.3	42.1
카리브해*	30.2	19.5	55.3	19.2
칠레	21.2	28.8	58.6	29.2
콜롬비아	33.8	34.5	59.9	33.2
코스타리카	2.2	61.2	5.4	75.2
쿠바	28.5	21.8	23.8	8.1
에콰도르	10.6	37.6	23.4	45.5
엘살바도르	1.7	50.9	5.9	49.3
과테말라	4.2	31.9	10.5	46.1
온두라스	1.7	36.7	6.4	32.5
멕시코	212.8	32.1	389.4	33.7
니카라과	1.8	49.4	4.1	35.1
파나마	2.9	34.9	5.7	41.2
파라과이	1.4	79.8	3.4	87.3
페루	20.6	28.7	28.4	34
우루과이	5.6	30	5.3	43.2
베네수엘라	92.4	29.2	142.3	29.3
기타 라틴아메리카**	10.0	9.9	17.2	30.9
총	759.7	33.1	1327.1	34.1

* 카리브해에는 도미니카 공화국, 아이티, 자메이카, 네덜란드 앤틸러스, 트리니다드토바고가 포함됨

** 기타 라틴아메리카에는 안티구아 바부다, 아루바, 바하마, 바베이도스, 벨리스, 버뮤다, 도미니카연방, 프렌치가이아나, 그레나다, 과들루프(Guadeloupe), 가이아나, 마르티니크(Martinique), 세인트 키츠 네비스(St. Kitts and Nevis), 앵귈라(Anguilla), 세인트루시아(Saint Lucia), 세인트 빈센트 그레나딘(St. Vincent and Grenadines), 수리남 포함

출처 : Govinda R. Timilsina et al.(2009 : 399)

라, 교통은 이 지역의 이산화탄소 배출에서 주요한 부분을 차지하게 되었다. 라틴아메리카 지역의 주요 4개국인 아르헨티나, 브라질, 멕시코, 베네수엘라는 1980년대 이후로 이 지역의 교통부문에 의한 이산화탄소 배출의 76%-79%를 차지하고 있다(표 2).

그러나 CDM에서 교통 항목의 잠재성은 절차의 미비로 인해 축소되어 있다. 현재, 교통부문에서 승인된 CDM 절차는 콜롬비아 보고타의 Transmilenio 프로젝트에 의해 수행된 급행교통차선이다. 몇 가지 다른 유형의 교통 절차는 준비 중에 있으나, 승인되기 이전에는, 실제로는 가장 주요한 배출원 중 하나임에도 불구하고 교통은 이 지역의 CDM 포트폴리오에서 저평가된 채 남아있다. 그림 5는 브라질의 탄소 총 배출량에서 제조업을 포함한 산업 및 교통부문의 기여도를 백분율로 1971년부터 2010년까지 나타낸 것이다. 산업부문은 31.5%(1971)에서 29.4%(2010)로 감소하였으며, 교통에 의한 이산화탄소 배출량은 46%(1971)에서 42.8%(2010)로 소폭 감소하였다. 그러나 여전히 교통은 브라질에서 이산화탄소를 배출하는 큰 부분이다. 산

<그림 5> 브라질의 이산화탄소 배출 기여부분(%)

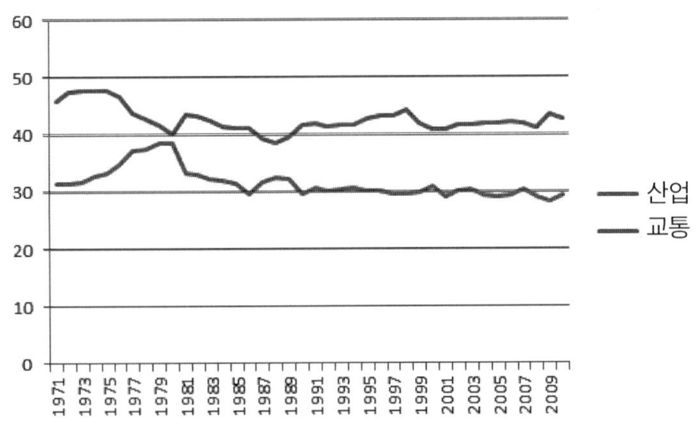

출처 : http://www.indexmundi.com/facts/brazil/co2-emissions

<그림 6> 라틴아메리카와 카리브 지역 국가에서의 교통에 의한 이산화탄소 배출추이

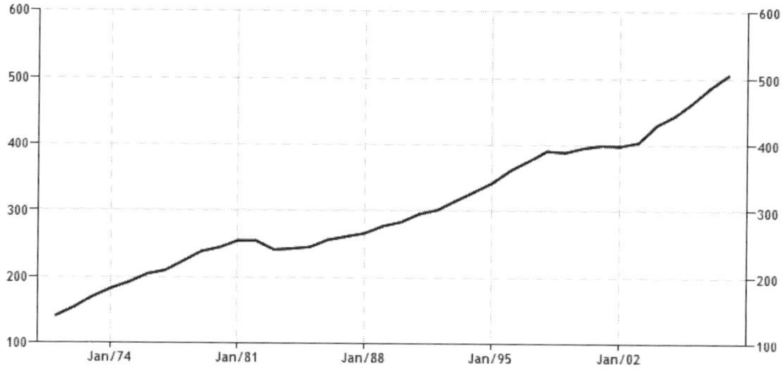

출처 : http://www.tradingeconomics.com/latin-america-and-caribbcan-developing-only/co2-emissions-from-transport-million-metric-tons-wb-data.html

림을 포함한 토지이용의 변화에 의한 이산화탄소 제거 및 배출량은, 자료 한계로 인해 시계열적인 변화를 구할 수는 없었으나 세계에서 토지이용변화(LUCF)로 인해 가장 큰 배출량을 내는 국가는 브라질로 2005년 현재 1,329Mt을 차지하고 있으며 이는 조사된 161개국 중 배출 순증가량을 보인 국가들의 총 배출량인 2,137Mt의 절반이상을 차지하는 큰 양이다.[5]

그림 6은 라틴아메리카와 카리브지역에서 교통에 의한 이산화탄소 배출량을 1970년대 초반부터 2008년까지 추이를 백만 메트릭 톤으로 나타낸 것이다. 이 자료는 국제항해와 항공을 제외하고 부문에 관계없이 모든 교통 활동에서 사용된 연료의 연소로 인한 배출을 나타낸 것이다.

표 3은 교통항목별 이산화탄소 배출량을 나타낸 것이다. 라틴아메

5) http://www.indexmundi.com/facts/indicators/EN.CLC.GHGR.MT.CE/rankings 여기서 데이터 수치는 수집된 해당년도가 다양하였다. 1990년에서 2009년까지 국가별로 수집된 정보의 년도가 달랐다

<표 3> 교통 항목별 이산화탄소 배출량

국가	1980					2005				
	총 (천tCO₂)	국내 항공 (%)	내륙 수운 (%)	철도 (%)	도로 (%)	총 (천tCO₂)	국내 항공 (%)	내륙 수운 (%)	철도 (%)	도로 (%)
아르헨티나	31391	8	1	0.5	90.6	39516	9.3	0.2	0.5	90
볼리비아	2115	14.9	0	1.8	83.2	3594	11.1	1.2	0.4	87.3
브라질l	73186	7.1	7.1	2.6	83.2	138596	5.7	2.6	1.3	90.3
카리브해*	5893	2.9	0	0	97.1	10614	2.5	0	0	97.5
칠레	6108	0	5.5	1.5	93	17091	0	6.4	0.5	93.1
콜롬비아	11650	0	0.9	0.6	98.5	19880	0.6	3.1	0.5	95.9
코스타리카	1335	0	2.6	0	97.4	4074	0	0.2	0	99.8
쿠바	6210	0	26.2	3.2	70.7	1935	0	0	4.7	95.3
에콰도르	3991	0	17.6	0.4	82	10645	0	10.4	0	89.6
엘살바도르	856	0	0	0	100	2917	0	0	0	100
과테말라	1353	0	0	0	100	4832	0	0	0	100
온두라스	616	0	0	0	100	2085	0	0	0	100
멕시코	68232	0	0	3.2	96.8	131057	0	2	1.9	96
니카라과	885	3.3	2.9	0	93.8	1434	0	3.1	0	96.9
파나마	1013	0	0	0	100	2334	0	0	0	100
파라과이	1085	0	0.9	0	99.1	3004	0	0	0	100
페루	5888	0.5	12.4	0	87.1	9661	0	1	0	99
우루과이	1665	6.6	6.9	0	86.5	2265	0.4	0	0	99.6
베네수엘라	26991	0	0	2.8	97.2	41649	0	0	0.3	99.7
기타 라틴 아메리카**	987	11.3	2.2	0	86.5	5334	6	0	0	94

출처 : Govinda R. Timilsina et al.(2009 :404)

리카와 카리브해 지역 국가들의 교통에서 가장 큰 부분을 차지하는 것은 도로교통이다. 도로 교통은 2005년 현재, 이 지역에 위치한 20여개의 나라 중에서 18개 국가에서 교통부문 중 도로에서 연료소비의 90%이상이 소비되고 있으며 20개 국가 중 18개국의 이산화탄소의 배출 중 90%이상이 도로교통에 의한 것이다. 1980년에서 2005년 사이, 쿠바를 제외한 라틴아메리카와 카리브해 지역 국가들은 교통부문의 이산화탄소 배출량이 현저히 증가하였다.

2) 산림부문 현황

교토의정서의 첫 공약 기간에는 산림벌채방지의 수단으로서 달성된 배출감축을 포함하지 않았다. 이는 기준선 설정과 모니터링에 대한 기술적인 문제뿐만 아니라 특정장소에서의 산림파괴 방지가 다른 지역에서의 산림 파괴로 나타날 수 있다는 우려가 있기 때문이었다(Schlamadinger et al., 2007: 295). 그러나 최근의 국제 협상을 보면 포스트 2012체제에서 크레딧 생성과 보상에 있어서 이미 확립된 기준선들로부터 좀 더 나아가 산림파괴 감소에 대한 인식으로 확장하고 있다. 특히 발리액션플랜(Bali Action Plan)은 분명히"개발도상국에서의 산림황폐화와 산림파괴로 인한 배출을 감소 관련 긍정적인 인센티브와 정책접근법"으로 다룰 것을 명시하고 있다.

브라질 아마존 지역에서는 산림파괴를 줄이기 위해 인센티브를 이용하여, 산림에 의존하여 살아가는 원주민, 농촌 주민, 소규모 토지 소유자에게 "산림관리(forest stewardship)"에서의 역할과 산림 보존 노력에 대해 부분적으로 보상한다. 더욱이 "정부기금"은 공공산림의 관리와 지역 주민에게의 서비스 공급 및 사유림의 모니터링을 포함하여 현재의 경비를 넘어서는 지출에 대해 보상하기 위해 필요하다. 앞으로 30년이 지나면, 산림이 파괴된 지역은 490,000㎢ 감소할 것이고, 배출전망치(business-as-usual) 시나리오에서보다 약 63억 톤의 탄소 감축이 있을 것이다(Soares-Filho et al., 2006: 520-522). 또한 이 연구에서는 농업이나 방목지와 같은 다른 가능한 토지이용으로 전환하는 대신에 아마존 산림을 유지한다면, 기회비용 비교에서 브라질 아마존 산림보존은 미화 2,570억 달러의 기회비용을 갖는다고 추정했다.[6] 인용한 연구에서 계산한 총 면적의 6%는 남아있는 94%에서 보다 약 17배 높게 산림유지의 기회비용이 추정되었는데, 이는 농지와 타 용지의 경계(가장자리)에 위치한 산림과 그 외 산림에 대한 기회비용이 다르게 적용된 결과로, 그 외 산림의 유지를 통해 배출을 피하는 기회비용은 탄소 톤당 2.8달러 정도이고, REDD(Reducing Emissions from Deforestation and Degradation, 이하 REDD)프로그램에서 이미 기술된 것을 통해 피하는 배출(약 60억톤)에 대해서 약 미화 180억달러에 이른다. 브라질 아마존 산림보존 추정비용(2570억 달러의 기회비용)과 산림보존으로 인한 배출회피의 기회비용의 차이(180억달러)는 기후변화 완화를 넘어 브라질 사회에 가져올 수 있는 산림파괴회피의 실질적인 이익, 예를 들면 강우량 감소나 생물다양성 손실, 그리고 바이오매스 연소에 의한 보건상의 문제와 생산적 산림의 손실 등을 회피할 수 있다는 점으로 설명할 수 있다(Nepstad et al., 2007 : 986).

기후협상과정에서 산림파괴와 산림황폐화로 인한 배출을 줄이는 몇 가지 프로포절이 최근에 등장했다. 다양한 프로포절 사이의 주된 차이점은 선진국들이 행한 개발도상국에서의 REDD 노력에 대한 크레딧을 허용할 것인가에 대한 것이다. 실제로 코스타리카(Costa Rica)

6) 인용한 연구에서는 탄소 톤당 약 5.5달러를 이용하여, 산림파괴로부터 배출을 방지하는 기회비용을 산출하였다.

<표 4> UNFCCC에 CDM으로 등록된 라틴아메리카 산림프로젝트(2011년 2월 28일 현재)

프로젝트 이름	국가	CDM 등록일	규모
볼리비아 열대지역에서 소규모 소유자에 의한 재식림을 통한 탄소상쇄 'Federacion de Comunidades Agropecuarias de Rurrenabaque(FECAR)'	볼리비아	2009.6.11	*
파라과이 저소득 지역사회에서의 농경지와 초지의 재식림	파라과이	2009.9.6	*
피우라(Piura), 호세 이그나시오 탈바라(JoséIgnacio Távara)'의 건조산림지역에서의 재식림, 지속가능생산과 탄소 상쇄 프로젝트	페루	2009.11.16	***
친치나(Chinchina) 강 유역의 산림 프로젝트, 시와 지역에서의 환경 및 생산 대안책	콜롬비아	2010.4.16	***
균근접종(Mycorrhizal Inoculation)을 이용하여 네르끼후에(Nerquihue) 소규모 CDM 재식림 프로젝트	칠레	2010.5.27	**
산업적 이용을 위한 재생가능한 자원인 목재공급으로서의 재식림	브라질	2010.7.21	***
토지질이 광범위하게 악화된 방목지에서 '포스코 우루과이(Posco Uruguay)'재식림	우루과이	2010.12.3	**
상파울로 주에서의 치예테(AES Tietê)조림/재식림 프로젝트	브라질	2011.1.7	****
산토도밍고(Santo Domingo)에서 방목지 재식림	아르헨티나	2011.2.11	***

주 : 규모는 배출감축에 대한 것으로 단위는 $ktCO_2/yr$ 이며,
*는 $8ktCO_2/yr$이하 **는 8-30, *** 30-120, ****는 $120ktCO_2/yr$을 나타냄.
출처 : http://cdm.unfccc.int/Projects/projsearch.html

와 파푸어뉴기니(Papua New Guinea)는 CDM으로의 REDD 통합을 제안해왔고, 몇가지 기준을 정하여 산림파괴를 줄이는 프로젝트 또는 프로그램에 크레딧 발행을 허용하고 있다.[7]

7) CDM은 교토의정서에서 명시한 선진국의 감축의무에 신축성을 주기 위하여 선진국의 감축량을 개발도상국에서 줄일 수 있도록 한 것이다. 이는 비용효과적인 장소에서 온실가스 감축이 일어날 수 있도록 한 것으로 CDM 사업에서는 산업체부문, 에너지 부문, 농업부문 등에서 온실가스를 줄이고자 하는 사업이 주로 진행되었으

산림은 안정적인 기후체계를 유지하고자 하는 UNFCCC의 궁극적인 목표를 달성하는데 기여한다. 그럼에도 불구하고 토지이용과 산림을 이용한 완화 전략은 IPCC에서뿐만 아니라 UNFCCC 당사국총회(Conference of the Parties)에서 제한되어있다. IPCC 토지이용, 토지이용 변경 및 산림(LULUCF)은 산림부문에서 완화활동을 세가지 유형으로 구분하고 있다. 조림(afforestation), 재식림(reforestation) 프로젝트는 CDM에서 이용가능한 프로젝트이다. 2011년 현재, 라틴아메리카에서 9개의 AR(조림)-CDM이 등록되어 있다(표 4).

3) 산림과 교통부문 프로젝트 가능성

CDM의 기본적인 취약성은, 좀 역설적이지만, 온실기체 배출 감축을 지원하는 메커니즘으로서의 주요장점 및 특성과 관련이 있다. 즉, 앞에서 언급한 효율성을 위해서 가장 낮은 감축 비용을 제시하는 프로젝트에 자원을 할당하는 시장의 힘을 이용하는 특성이 있다. 이는 CDM의 장점이기도 하다. 온실기체를 줄이는 다양한 유형의 프로젝트들이 있으며, 시장은 자연적으로 리스크가 적고 자본회수기간이 짧을 뿐만 아니라, 가장 낮은 비용과 자본 요건을 제시하는 곳으로 자원이 들어가게 한다. 문제는 그러한 범주하의 가장 매력적인 프로젝트들이, 예를 들면 수소불화탄소(HFC), 아산화질소(N2O), 또는 메탄(CH4)감축에 대한 사후 프로젝트들이 반드시 그 지역에 더 큰 편익을 제공하지는 않는다는 것이다(The World Bank, 2010: 94). 이와는 반대로, 장기적으로 보면 지역사회에 더 중요한 편익을 가져올 프로젝트

며, 산림부문은 여러 가지 제약상 CDM에서 비교적 적은 부분을 차지한다. 그러나 산림전용이나 산림파괴로 인한 온실가스 배출에 대해 인식이 차츰 높아지면서 2008년 유엔에서는 REDD 프로그램을 통해 산림파괴와 악화에 의한 배출가스를 줄이고자 하는 노력을 하고 있다.

들, 예를 들면 재생에너지, 에너지 효율성, 교통 부문에서의 프로젝트들은 리스크가 상대적으로 많고, 더 높은 비용이 들어가고, 선불투자를 필요로 하는 경향이 있는데, 이는 CDM 투자자가 보기에는 덜 매력적인 요소이다. 특히 산림파괴를 줄이는 것은 특별한 고려를 필요로 하는 완화 활동 중의 하나라고 할 수 있다. 교토의정서의 첫 공약기간에는 산림벌채방지의 수단으로서 달성된 배출감축을 포함하지 않았다. 산림파괴로 인한 배출이 2012년 이후에 갖게 될 역할에 대해 논의가 진행 중이지만, 그때까지 이 지역에서 모든 부문 중 가장 큰 완화 가능성인 산림은 탄소 파이낸스 영향 하에 놓이지는 못한다는 것이 문제이다. 현재 CDM에서 토지이용변화와 산림 항목은 조림과 재식림 활동에 제한되어 있고, 심지어 규모와 유형에서도 제한적이다.

현재 산림관련 아젠다 중 하나는 REDD이다. REDD는 온실기체를 줄이는 상생전략으로서 비용이 적게 들고 빠른 방법으로 평가되고 있다. REDD프로젝트는 산림을 보존하는 재정적 인센티브를 기초로 하며 산림생태계에 탄소 스톡을 유지하는 것이다. REDD+접근법은 최근에 재정지원을 위해 제안된 것으로 산림보존 뿐만 아니라 산림 탄소 스톡의 향상과 지속가능한 산림관리를 위해 제안되었다. 라틴아메리카 국가들은 REDD+ 논의에서 등장해왔으며 많은 시범사업들이 이 지역에서 실행되었다. 예를 들면, 페루, 브라질은 40여개 이상의 프로젝트를 시행해왔으며, 인도네시아와 함께 가장 많은 수의 프로젝트를 진행하고 있는 국가들이다. 라틴아메리카 지역에서 11개의 탄소 프로젝트는 CCB(Climate, Community and Biodiversity)기준에 의해 생물다양성 보존과 지역개발에 공헌한 승인 받았다(Bruno Locatelli et al., 2011: 434). REDD+와 CDM 프로젝트와 같은 산림 완화 프로젝트는 경관의 연결성을 증가시키고 파편화를 줄이는 역할을 할 것이다.

브라질은 REDD 프로그램의 "비시장"기금을 조성해왔다. 열대산림기금(Tropical Forest Fund)은 열대 산림파괴를 줄이는 활동에 부속 1 국가들로부터 기부금을 모아서 산림파괴를 줄이는데 이용할 것이다. REDD 기금은 설정된 기준 비율이하로 산림파괴율을 낮추는 국가들에게 지불, 기술이전 또는 능력배양 등의 형태로 재정적 인센티브로 제공된다.

산림 및 토지이용변화가 CDM 프로젝트로 인정되고 크레딧을 배출하기까지는 투자의 효율성 측면에서 보면, 불확실성 및 시간소요 등을 고려했을 때 쉽지는 않을 것 같다. 또한 CDM 요건에 부합되어야 하는 많은 절차상 문제들이 있다. 산림을 고려한 조림 CDM이 활성화되고 더 나아가 토지이용변화로 인한 온실가스 배출을 줄이기 위한 CDM프로젝트 인증 절차상의 변화가 필요하다. 산림 및 토지이용이 가져오는 생태계 서비스의 가치는 온실가스 저감만의 가치를 따지는 현재의 배출권거래 제도의 한계를 넘어서는 것이다. 따라서 국제협상에서 이러한 산림의 기여분에 대한 적극적인 고려가 필요하다. 또한 현재 산림과 토지이용전환에서 이용되는 REDD프로젝트에서의 크레딧 인정도 고려해볼 수 있으며 배출감축량으로의 산정 등이 필요해질 것이다. 현재 REDD는 크레딧을 생성할 수도 없으며 선진국이 그러한 프로그램으로 온실가스 삭감 노력을 해도 그들이 배출삭감 노력에서 인정받지를 못하는 실정이다. 이러한 절차상의 문제가 해결된다면 라틴아메리카와 카리브 해 지역의 산림 보전과 토지이용변화관련 많은 프로젝트들이 나올 것으로 기대된다.

한편, 교통부문에서 거리(km)당 배출량을 줄이는 방법은 새로운 기술이나 관리향상을 통해 효율성을 증가시키거나 저탄소연료로 전환하거나 기반기술을 개선하는 프로젝트를 통해 달성할 수 있다(Juerg

M. Gruetter, 2007: 13). 세계적으로 수많은 도시들이 도시의 대중교통 시스템을 현대화하고 있다. 여기에는 간선급행버스시스템(Bus Rapid Transit Systems, 이하 BRTs)과 Light Duty Rail or metro lines과 같은 철도 기반의 체계에 대한 투자를 포함하고 있다. 이러한 투자로 인해 달성된 온실 가스 감축은 CDM에 포함될 수 있으며 이러한 투자를 좀 더 경제적으로 타당성이 있게 만들어 주며 이러한 투자의 확대에 대한 장벽을 감소시키고 있다. BRT 체계는 BRT전용 통행권, 교차로 우선처리, 쾌적한 차량, 편리한 환승시설을 갖추어 운행속도, 정시성, 수송능력을 제고하여 통행시간 감축 등 저렴한 비용으로 서비스를 향상시킨 새로운 교통수단이다. 브라질 꾸리찌바, 콜롬비아 보고타, 미국 보스톤, 일본 나고야 등에서 운행 중이며 지속적으로 확대되는 추세이다. BRT에 대한 승인된 CDM 방법론이 있으며, CDM BRT 프로젝트가 있다. 그 예가 콜롬비아 보고타의 Trans Milenio Bogota이다. 그 외에도 콜롬비아의 Perira 와 Cali를 포함하여 CDM BRT프로젝트가 개발 중이다. BRT는 세계 도처의 도시에서 시행중이며 대규모이고 사업당 배출규모가 비교적 크다는 점에서 CDM프로젝트로서의 잠재성이 있다. BRT Gruetter 컨설팅에 의해 개발되었으며, UNFCCC에 의해 승인된 BRT 방법론은 온실기체를 줄이기 위한 절차로서 향상된 점유율뿐만 아니라 더 큰 차량의 이용 등을 포함한다. 한 프로젝트에서 다양한 방법들을 조합하는 것이 거래비용을 줄이고 모니터링을 간단하게 만든다(Juerg M. Gruetter, 2007: 14). 기존의 버스 중심의 대중교통 체계에 비해 현저한 온실기체의 감축을 가져온 것으로 보이나 그 정도는 운영의 효율적 관리, 기술, 전기의 탄소 인자에 따라 달라질 것이다. 예를 들면 전기를 석탄으로 사용하느냐, 재생가능한 에너지로 사용하느냐에 따라 결과가 달라지기 때문이다. 아직 승인된 방법론은 없지만 준비 중에 있다. 결론적으로 라틴아메리카

<표 5> 교통부문의 CDM 가능성

교통부문	CDM 미포함	CDM 포함	내용
거리당 배출량 줄이기	기술(하이브리드 등) 및 차량 교체	저배출 차량으로 큰 차량을 교체	비용은 높지만 CDM에 의해 적은 부분만 지원되기 때문에 프로젝트는 경제적으로 타당성이 없음
이동된 단위당 배출량 줄이기	저배출 오일, 운전자 등을 통해 운전거리당 배출감축 방법	×	광의적으로 행동변화 프로젝트는 잠재적으로 가능하나 방법론상의 부족으로 인해 검인증기관에 의해 거부되어 왔음
	연료전환	×	고탄소연료에서 저탄소연료로의 전환을 통해 온실기체의 발생을 줄이는 이점이 있으나, 현재 액화에서 기체연료로 전환하는 것이 포함되어 있으며 바이오연료 또는 전기에너지 이용이 포함됨. 그러나 온실기체의 감축잠재성은 작아서 프로젝트에서 연료전환의 규모는 제한적임. 또한 소비자뿐만 아니라 생산자와 배분자 모두 CERs를 요구할 수 있다는 점이 프로젝트를 복잡하게 만듦. 생산지에서의 CDM 바이로연료 프로젝트가 더 간단하고 더 큰 규모의 프로젝트를 가능케 하는 이점이 있음
	기반시설 프로젝트	×	하나의 CDM방법론이 잠재적으로 기반시설 프로젝트를 포함하여 제안된 적이 있으나, 프로포절은 프로젝트가 동시에 초래할 수 있는 다른 변화, 예를 들면 다른 지역에서의 혼잡이나 교통문제들에 대한 부정적인 영향을 저평가할 수 있다는 문제와 모니터링 결여 등의 이유로 승인받지 못함. 이러한 프로젝트는 방법론상의 복잡성이 큰데, 이는 배출감소가 프로젝트로 인한 것이며 프로젝트의 외부에 영향을 주지 않는 다는 것을 증명해야 하기 때문임
이동수 또는 거리 줄이기		모드전환	개인차량을 덜 이용하거나 대중교통 이용이나 자전거 이용이 포함됨
		큰 단위(차량)	한 예로 큰 버스 등을 이용하는 대중교통으로 전환을 들 수 있음. 큰 버스는 더 많은 연료를 소비하지만, 승객 당 킬로미터 당 배출의 양을 현저히 감축시킬 수 있음
		점유비율 향상	한 예로 카풀 프로젝트나 대중 교통관리에서의 체계적인 개선을 들 수 있음

출처 : http://www.tradingeconomics.com/latin-america-and-caribbean-developing-only/co2-emissions-from-transport-million-metric-tons-wb-data.html의 내용 정리

와 카리브해 지역에서, 교통부문에서는 단지 한 가지 CDM으로 승인된 예가 있을 뿐이다. 수송부문에서 화석연료에서 액체 바이오연료로의 전환을 지원할 뿐만 아니라, 온실기체를 저감하는 다양한 수송부문 방안들에 대해 더 포괄적으로 CDM에서 인정하는 절차와 양식이 마련되어야 할 것이다.

05 결론

각 국가들이 기후변화를 완화하기 위한 배출감축에 기여해야 한다는 것은 국제사회의 이슈이자 화두이다. 그러나 이는 개발도상국에게는 이미 탄소배출에 대해 지불하지 않고 개발을 누려온 산업국에 비해 불공평할 뿐만 아니라, 개도국이 당면한 다른 선결 과제들 때문에 기후변화완화를 위한 조치에 많은 노력을 할애할 수 없다.

이러한 딜레마를 해결하는 유일한 방법은 배출감축의 영토적 기원과 관계없이 공평성과 능력의 투명한 원칙에 따라서 산업국과 개도국의 의무를 할당하는 것이다. CDM은 그러한 의무할당을 효율적이고 형평성있게 달성하는 방법으로 제시되어왔다.

본 논문에서는 라틴아메리카 지역 국가들의 CDM 현황과 앞으로의 가능성에 대해 조사하였다. 라틴아메리카 지역에서 그 지역 배출량 중 규모가 가장 큰 부분은 교통이며, 세계적으로 보았을 때 라틴아메리카에 의한 온실기체 기여의 가장 큰 특징은 산림전용과 관련이 있다. 특히 산림은 온실기체의 흡수뿐만 아니라 산림이 제공할 생태계에서의 다양한 서비스를 통해 기후변화에 대한 완화 및 대응을 할 수 있다는 점에서 큰 이점이 있다. 그럼에도 불구하고 산림은 장기간 시간이 소요되어 다양한 변동요소들에 노출되어 있을 뿐만 아니라 모니터링과 검증의 어려움이 있다. 더욱이 산림 관련 토지전용 문제는 CDM의 까다로운 절차와 양식에 편입되기에는 아직은 만족시키기기 어려운 면이 있다. 라틴아메리카의 온실기체 배출에서 가장 특징적인 요소이면서 지구적 기후변화에 공헌을 할 수 있는 부문은 현재 산림과 토지전용과 관련된 문제임을 고려해볼 때, 조림 CDM의 확장과 토지전용 및 산림악화에 대한 REDD프로그램의 크레딧 형성 또는 감축의무국의 성과로 인정하는 방법들을 통해 CDM에서의 산림과 토지전용에 대한 프로젝트 확장을 모색해야 한다. CDM에서의 양식과 절차에서도 산림과 토지전용에 대해 고려하고 확대되어야 할 것이다. 또한 교통부문은 라틴아메리카와 카리브 지역의 대기오염과 관련되어 있으며, 이 지역에서 온실기체 발생량에서 가장 큰 부분을 차지하고 있다. 따라서 그 지역에서 실질적인 온실기체 감축과 환경질 개선을 위해서는 시급한 부문이다. 교통부문에서 아직은 바이오연료와 같은 대규모로 생산 가능하고 비교적 모니터링이 간편한 방법이 선호되고 있다. 따라서 좀 더 교통부문에서의 CDM 프로젝트의 다양성을 통해 이 지역에 실질적인 이익이 되는 방법을 모색해야 할 것이다.

참고문헌

Bruno Locatelli et al.(2011). "Forests and Climate Change in Latin America: Linking Adaptation and Mitigation". Forests 2, 431-450

Ellis, Jane; Sami Kamel(2007). *Overcoming Barriers to Clean Development Mechanism Projects*. Paris: OECD.

Emily Boyd et al.(2009). "Reforming the CDM for sustainable development: lessons learned and policy futures", *Environmental science & policy*, vol. 12. 823

Figueres, C.;K. Newcombe(2007). *Evolution of the CDM: Toward 2012 and Beyond*. Washington, DC: World Bank.

Govinda R. Timilsina et al.(2009). "Factors affecting transport sector CO_2 emissions growth in Latin American and Caribbean countries: An LMDI decomposition analysis" *Int. J. Energy Res*. Vol. 33: 399-404

IPCC(2007). *Synthesis Report, An Assessment of the Intergovernmental Panel on Climate Change*.

Juerg M. Gruetter(2007). *The CDM in the Transport Sector*, Bonn: Deutsche Gesellschaft fur Technische Zusammenarbeit : 1-26

Nepstad, D. C. et al.(2007). "Tropical Forests and Climate Policy." Science 316: 985-986

Ott, Herrmann E. et al(2004). "South-North Dialogue on Equity in the Greenhouse." *A Proposal for an Adequate and Equitable Global Climate Agreement. GTZ Climate Protection Programme*. Germany: Wuppertal Institute for Climate, Environment and Energy, Energy Research Centre.

Schlamadinger Bernhard et al.(2007). "Options for Including Land Use in a Climate Agreement Post-2012: Improving the Kyoto Protocol Approach." *Environmental Science and Policy* 10: 295–305.

Soares-Filho, B. et al. 2006. "Modeling Conservation in the Amazon Basin." *Nature* 440 : 520-523

UNFCCC(2007). Report on the Second Workshop on Reducing Emissions from Deforestation in Developing Countries.(http://unfccc.int/ resource/ docs/2007/sbsta/eng/03.pdf)

World Bank(2010). *Low-Carbon Development: Latin American Responses to Climate Change*. NW Washington DC: World Bank Latin American and Caribbean Studies. 83-94

인터넷자료

http://cdm.unfccc.int/Projects/DB/BVQI1354824411.24/view(검색일자: 2013.11.11.)

http://www.indexmundi.com/facts/brazil/co2-emissions(검색일자: 2013.11.11.)

http://www.indexmundi.com/facts/indicators/EN.CLC.GHGR.MT.CE/rankings(검색일자: 2013.11.13.)

http://www.tradingeconomics.com/latin-america-and-caribbean-developing-only/co2-em issions-from-transport-million-metric-tons-wb-data.html(검색일자: 2013.11.11.)

http://cdm.unfccc.int/Projects/projsearch.html(검색일자: 2013.11.11.)

http://cdm.unfccc.int/Statistics/Public/CDMinsights/index.html(검색일자: 2013.12.14.)

라틴아메리카 기후변화정책 발전 동인 분석: 브라질과 멕시코 비교

A study on motivation of climate change policy in Latin America: comparative analysis between Brazil and Mexico

This thesis deals with the various reasons and efforts of climate change policy introduction and implementation in the field of policy making process(necessity, direction and real policy adoption) in Brazil and Mexico with a comparative analysis manner. This research identified the current policy introduction and the level of development, policy priority and limits to response climate change in this region via adaption and alleviation policy. In the second section, this thesis brings out the concept and research variables to approach the case studies, such as policy adoption in Brazil and Mexico. However, basically it is necessary to review the carbon emission level and amounts through main scientific data collection in this region, including and focusing on a few categories, such as period, sector, issue and area. In the fourth place, this thesis tried to make a connection between variables and reasons(domestic and external factors) for climate change policy making in these countries. In the final section and in details, this thesis traced policy priority in both countries, depend on the country's special situations and directions. In the conclusion, it is argued a few limited points toward develop more policy efficiency. As policy implication, this thesis discovered two policy priority in both country, such as renewable energy strategy(Mexico) and reducing the process of deforestation(Brazil) with different manner per each country, however, both priorities are the most important ones for policy adoption and reducing carbon emission at the moment and in near future.

KEYWORDS

Climate Change, Policy Response, Carbon Emission, Brazil, Mexico

요 약

라틴아메리카 지역의 기후변화 대응 정책 및 제도 발전의 수준은 얼마나 될까?에 대한 의문이 본 논문을 기획하게 된 이유이다. 특히 라틴아메리카를 대표하고 있는 브라질과 멕시코에 대한 사례가 더욱 궁금했다. 물론 글로벌 아젠다인 기후변화 이슈에 대응하기 위한 정책, 제도, 기구 그리고 이에 대한 정책결정자들과 시민사회의 반응 등은 상당히 다르다. 특히 기후변화 협상과정에서 대응 수위를 정하거나 결정하는 일은 개별 국가마다 다를 수밖에 없다. 하여 본 연구는 브라질과 멕시코 양국을 사례로 도대체 무슨 원인들이 양국의 기후변화 정책변화에 많은 영향을 주었는가도 살펴보았다. 개별 국가마다 다른 탄소 배출 정도, 이에 대한 기후변화 영향과 위기 대응, 기후변화 국제협상과정에서 나타난 국내외적 변수들을 추적해 보았다. 물론 정책적 대응 차원에서 양국은 어떠한 차이를 보이고 있는지 그 방향성에 대한 논의도 추가했다. 멕시코는 재생에너지 부문에 집중한 기후변화 대응책을 정책적으로 집중한 반면, 브라질의 경우는 산림황폐화를 줄이면서 기후변화에 대응하려는 정책 선호도를 나타냈다. 양국의 비교 사례는 개별 국가의 경제발전에 대한 방향, 서로 다른 기후변화 영향 분석과 이에 대한 서로 다른 대응 전략에서 다소 다른 정책 선호도를 설정해 제도적으로 혹은 정책적으로 이행하고 있다는 차이를 발견할 수 있었다.

KEYWORDS

기후변화, 정책반응, 탄소배출, 브라질, 멕시코

01 들어가는 말

2007년 유엔의 '기후변화에 관한 정부간협의체(IPCC)' 보고서에 의하면, 현재의 온실가스 배출은 자연적인 현상보다는 이미 다양한 인간 활동의 증가로 인해 급속하게 증가하고 있으며, 인류가 이에 대한 조절(완화와 적응)을 하지 않으면 미래 사회는 엄청난 재난에 직면할 수 있다는 다소 충격적인 보고서를 제출했다. 따라서 온실가스 감축 혹은 기후변화 대응이라는 글로벌 의제와 관련한 혹은 세계가 직면한 가장 큰 해결 문제는 온실가스 감축의 필요성에 대한 이미 케케묵은 논쟁이 아니라 국제사회가 어떤 다양한 정책 개발과 정책 이행을 통해 얼마나 많이 온실가스를 감축할 것인가에 대한 새로운 방법과 합의를 만들어 내는 것이 시급하다.[1] 특히 이러한 정책의 발굴과 이행은 현재 국제적인 혹은 글로벌 차원에서 기후변화협약에 대한 국제협상을 통해 합의함은 물론, 서로 다른 개별 국가 간의 차이점을 극복하고 어떠한 조건에서 정책을 효율적으로 이행에 갈 것인가에 대한 노력이 수반되어야 한다. 유엔기후변화협약(UNFCCC)은 이러한 정책 혹은 의제는 선진국들이 리드해 가야 한다고 명시하고 있으며, 1998년 교토의정서(Kyoto Protocol) 합의를 통해 이들 선진국들은 이미 구속국가(Annex I)로 지정해 의무감축 할당량을 제시하고 있기도 하다.

이와 더불어 비록 의무감축 국가들은 아니지만, 다소 급증하는 온실가스배출에 책임이 있는(예를 들어 21세기 들어 급속도로 경제성장과 온실가스 배출의 비례 관계를 갖는), 다시 말해서 온실가스 배출량 증가에서 자유

1) 본 논문은 Fang Rong(2010)의 논문인 '개발도상국들의 기후변화 국제협상 비교 연구', De La Torre, et al.(2010).의 '라틴아메리카 저탄소 발전을 위한 기후변화 대응', 등의 저작물에서 아이디어를 얻었으며 특히 본 논문의 연구대상 국가들인 브라질과 멕시코 사례를 참조해서 연구되었다. 저자들에게 감사함을 전한다.

롭지 못한 라틴아메리카 지역 국가들도 이에 동참하고 있다. 특히 이들 국가들 중에서도 인구 및 경제 규모, 에너지소비와 탄소배출 그리고 무엇보다도 급속한 GDP 성장률과 탄소배출 증가 등을 고려하면 브라질과 멕시코는 대표적인 국가들이다(표 1 참조). 물론 세계적인 기준에서 보면 이들 국가들의 탄소배출량은 아주 적은 규모이기는 한다. 그럼에도 불구하고, 현재 이들 국가들의 급속한 경제성장과 이에 따른 에너지소비의 증가, 특히 농업 생산량 증대를 통한 토지이용변경 증가 등으로 인한 빠르게 산림이 황폐화되고 있다는 점들을 고려하면, 개별 국가 차원에서 뿐만 아니라 국제적인 측면에서 기후변화 국제협력에 동참해야하는 당위성은 존재한다. 물론 이를 해결하기 위한 이들 국가들의 국제적인 노력은 1992년 브라질의 유엔 환경개발회의, 2012년 리오 20+ UN지속성장회의, 그리고 2010년 멕시코의 제16차 '기후변화당사국총회(COP16)' 개최 등에서 확인된다.

<표 1> 브라질/멕시코의 인구/경제규모/에너지소비/이산화탄소 배출량 비교 (2009)

국가	인구 백만(%)	GDP 십억 달러 (%, 성장률)	에너지소비 백만 톤 (oil equivalent) (%)	에너지 관련 이산화탄소 배출 백만 톤 (%, 증가율 %)
브라질	192 (2.9%)	1,613 (2.7, 5.4)	228 (2.0)	350 (1.2, 6.8)
멕시코	105 (1.6%)	1,086 (1.8, 3.2)	170 (1.5)	451 (1.5, 2.0)
세계	6610 (100%)	60.115(100, 3.8)	11.295 (100)	29,167 (100, 1.6)

출처 : F. Rong, p. 4583 부분 인용(주 : 인구통계는 2009년 World Bank 자료, 에너지 통계는 2009년 EIA 자료 참조).

본 논문은 2000년대 이후 이러한 기후변화의 영향과 대응이라는 차원에서 국내외적 다양한 기후변화 도입과 정책 발전 노력을 하고 있는 남미의 대국 브라질과 북미의 작은 거인 멕시코 사례를 비교 분석해 봄으로서, 현재 이 지역의 기후변화, 특히 온실가스 완화정책의 현황과 발전 정도 그리고 정책의 한계점을 고찰해 보고자 한다. 이러한 연구 목적을 위해 제2장에서는 브라질과 멕시코의 기후변화 정책 도입과 발전을 설명할 수 있는, 다시 말해서 왜 이들 국가들은 기후변화정책을 도입해 오고 있는지에 대한 논거로서 몇몇 이론적 개념(분석변수)을 통해 정책 발전의 필요성을 살펴보겠다, 제3장에서는 라틴아메리카 지역을 포함하여 브라질과 멕시코의 탄소배출 정도를 다양한 각도(시기별, 부문별, 이슈별, 영역별)에서 살펴보고, 이후 제4장에서는 대내외적 분석변수들을 토대로 브라질과 멕시코의 기후변화정책의 현황과 이를 토대로 한 정책 방향을 점검해 보고, 제5장에서는 좀 더 구체적으로 이들 국가들의 기후변화 관련 온실가스 감축 분야에서 실질적으로 어떤 핵심 정책들을 우선해서 도입 이행하고 있는지, 있다면 개별 국가 차원에서 정책 선호도는 어떻게 나타나고 있는지에 대해 고찰해 보겠다. 물론 이러한 개별 국가 차원의 정책 방향 선호도에 대한 적합성 분석과 더불어 존재하는 한계점들을 살펴보기로 한다. 마지막으로 결론에서는 정책적 함의를 살펴본다(제6장).

02 기후변화 정책 도입과 발전: 개념적 접근

위에서 언급했듯이, 현재 브라질과 멕시코가 국제사회 이슈인 기후변화협약에 대한 개별 국가 차원에서 수용과 특히 국내 차원의 기후변화(완화 및 적응)에 대한 정책 도입 및 발전은 이들 국가들이 기후변화 영향으로 인한 다양한 국내외적 조건 악화와 이에 대한 정책적 해결 과정에서 기인하는 경우가 많다. 물론 이 지역 기후변화 전문가들과 학자들은 이 두 국가의 기후변화정책 도입 및 발전 혹은 국제적 수용은 2가지 수준과 이유에서 기인하고 있다고 주장한다, 예를 들어, 어떤 국가는 유엔기후변화협약 같은 국제환경규제에 적극적 지지 자세를 보이지만, 다른 국가들은 마지못해 국제환경규제에 끌려가는 수동적 태도를 보이는데 이는 근본적으로 개별 국가들 차원의 국가 이익이나 상황에 기초한 정책 발전 및 정책 수용으로 설명이 가능하다는 논리이다. 예를 들어, 스프린즈와 바흐토란타(Sprinzand Vaahtoranta 1994)의 경우는 개별 국가들의 국제환경규제에 대한 지지와 철회는 '개별 국가들이 부담해야 하는 환경규제비용과 개별 국가들의 생태적 취약성의 정도에 따라 방관자(bystander), 적극추진(pusher), 혹은 지체(dragger), 중간자(intermediate)로 범주화'할 수 있다고 주장한다. 이러한 논리와 범주를 인용해 살펴보면 개별 국가들의 기후변화정책의 도입과 발전도 위와 같은 범주와 비슷한 측면이 있다. 특히, 국내적인 요인들로는 다소 상대적인 측면이 강조된 온실가스저감 비용부담과 개별 국가의 기후변화영향에 대해 상대적인 취약성의 정도에 따라 정책의 도입은 크게 적극적 정책 도입, 소극적 정책 도입, 혹은 중간자적 아니면 좀 더 지체 상태나 입장에서 기후변화정책이 도입되거나 혹은 정책의 도입과 더불어 중요한 정책 이행의 태만 등으로 나타날 수 있는 것이다(Sprinz and Vaahtoranta 1994: 81, 표 2 참조).[2]

개별 국가들의 기후변화 정책 도입과 이행 혹은 발전 분석에서 또 다른 고려 수준은 대외적인 변수들이다. 특히 국제금융(기후변화기금),

2) Spriza와 국가의 기후변화협약 참여분석에서 또 다른 중요한 분석법은 1988년 푸트남(Putnam)이 언급한 'Two-Level Game'이다. 이 분석에 따르면 국제협상 참여에 있어서 각 개별 국가의 협상력의 크기는 그 국가 내부의 각종 상황에 달려 있다. 예를 들어, A와 B국이 환경규제 협상에 있어서 규제에 대한 국내 사회 내부 이견이 B국 보다 A국이 더 크다면, 규제에 대한 협상력은 오히려 A국이 더 크다고 볼 수 있다는 논리이다.

<표 2> 개별국가의 기후변화 정책 도입/이행 혹은 발전 조건 분석

변수	국가의 기후변화 취약성 낮음	국가의 기후변화 취약성 높음
온실가스저감 비용 낮음	태만한 정책 도입	적극적 정책 도입
온실가스저감 비용 높음	소극적 정책 도입	중간적 정책 도입

출처 : Sprinz and Vaahtoranta 1994. F. Rong, p. 4584 인용 및 논의 재구성.

기술이전(CDM, REDD+), 글로벌 탄소시장(CERs), 변수들이 기후변화 정책 도입과 발전을 결정되는 중요한 역할을 하게 된다. 위와 같은 분석 변수들을 종합해 보면, 결국 브라질과 멕시코의 기후변화정책 도입 혹은 발전은 이들 개별 국가들이 처한 국내외적 변수들을 동시에 고려해야 한다는 것이다. 좀 더 구체적으로 국내 변수들을 확장해 보면, 이들 국가들은 생태적 취약성과 완화 능력 부문에서 국제협력 참여 영향을 받는다. 예를 들어, 기후변화 영향으로 인한 자국의 농업생산량 감소, 극심한 날씨 변화로 인한 자연재해 증가와 경제사회적 피해 증가 등으로부터 기후변화 대응 관련 정책 도입과 이행이 발생하며, 동시에 이들 국가들의 기후변화 완화 노력은 1인당 GDP, 에너지 소비, 산업경제구조 등에 의해서 제약을 받는다. 대외적인 변수들로는 선진국들로부터 기후변화 국제협력 차원의 금융지원, 기술이전 그리고 미래 탄소배출량 시나리오 확산과 대응 압력 등이 주요 변수들이다. 이러한 개념을 축으로 본 논문은 브라질과 멕시코를 대상으로 온실가스 배출 정도, 기후변화 취약성, 대응정책 등을 비교분석해 보고자 한다. 먼저 2000년 이후 통계로 분석된 두 국가의 온실가스배출 현황이다.

03 라틴아메리카(카리브 포함) 온실가스배출 (이산화탄소) 현황

아래 <그림 1> 라틴아메리카 및 카리브 지역 개별 국가들의 2000년도 수준 온실가스 배출량을 살펴보면(좌측의 총배출량, 우측의 토지이용 변경을 제외한 배출량), 브라질과 멕시코가 여타 다른 국가들에 비해 압도

<그림 1> 라틴아메리카 지역의 온실가스배출량 (%, 2000)

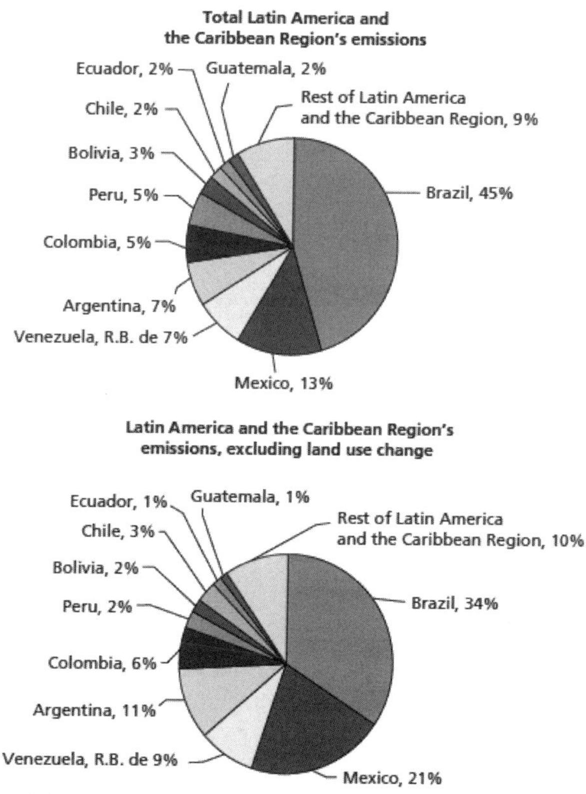

출처 : 기후분석지표(CAIT, 2008); 세계자원기구(WRI, 2008); De La Torre et al.(2010: 110) 인용.

<그림 2> 라틴아메리카 온실가스배출: 토지이용변경 부문, 2000

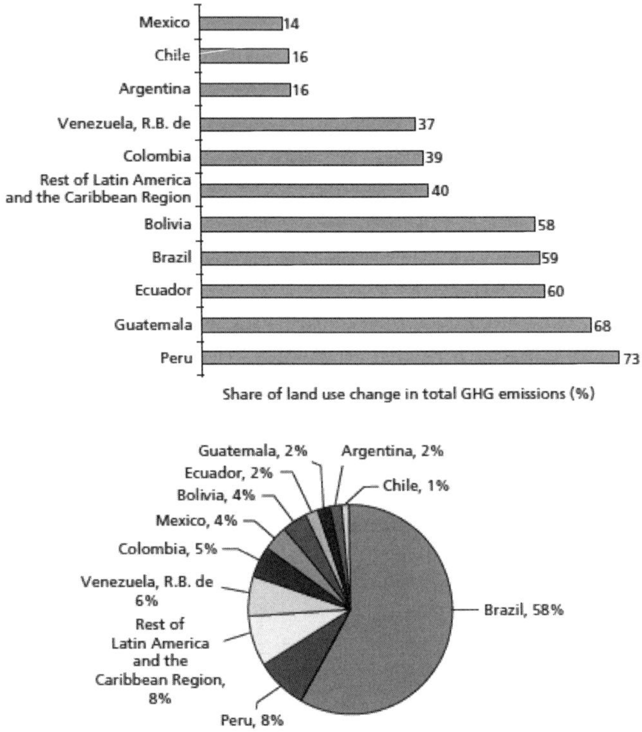

출처 : 기후분석지표(CAIT, 2008); 세계자원기구(WRI, 2008); De La Torre et al.(2010: 110) 인용.

적인 수준이다. 총배출량의 경우 브라질이 이 지역 총배출량의 거의 절반(45%)을 차지하고 있다. 토지이용변경을 제외한 분야에서는 브라질이 1위지만 멕시코의 경우 많은 배출량을 기록 중에 있다. 말하자면 총배출량에서 멕시코는 토지이용변경 이외 부문에서 배출량이 많다는 분석이다(예를 들어, 화석연료이용 및 에너지소비 배출량).

전체적으로 보면 브라질과 멕시코는 라틴아메리카 지역 전체 GDP는 물론 온실가스배출량의 거의 60%를 담당한다. <그림 1>에서 보듯이, 25%는 아르헨티나, 콜롬비아, 페루 그리고 베네수엘라에서 발생하고 있다. 토지이용변경 부문을 제외한 배출량에서도 멕시코와 브라질은 거의 절반이 넘는 배출량에 책임을 지고 있다(55%). 만일 토지이용변경 부문을 제외하면 브라질의 경우는 45%에서 34%로 하락하는 대신, 멕시코는 13%에서 21%로 증가하는 것을 볼 수 있다. 그럼에도 불구하고 전체 배출량에서 두 국가는 압도적인 배출량을 보여주고 있다. 토지이용변경 부문만을 변수로 해서 다시 두 국가를 비교해 보면 아래 <그림 2>와 같다.

위의 <그림 2>에서 보듯이, 라틴아메리카 온실가스(GHG) 총 배출에서 토지이용변경 부문은 46%에 해당한다. 하지만 토지이용 변경 부문 배출은 이 지역 개별 국가들마다 서로 상이한 결과를 나타내고 있다. <그림 2>에서 보듯이, 브라질만이 유일하게 라틴아메리카 지역 중에 토지이용변경 부문에서 가장 높은 58%를 차지하고 있다. 뒤를 이어 페루가 8%이고 콜롬비아와 베네수엘라가 각각 6%를 차지하고 있다.

총 배출에서 토지이용변경 부문의 몫은 개별 국가들마다 다양하다. 볼리비아, 브라질, 에콰도르, 과테말라 그리고 페루의 경우는 적어도 온실가스 배출의 60%가 토지이용변경 부문에서 배출이다. 반면에 아르헨티나, 칠레 그리고 멕시코의 경우는 총 온실가스 배출에서 토지이용변경 부문은 근 15%에 달한다(De La Torre et al., 2010: 110). 물론 이를 좀 더 구체적으로 그리고 다른 각도, 다시 말해서 토지이용 혹은 토지이용 변경 및 산림 부문(LULUCF)을 제외한 부문,[3] 예를 들

3) LULUCF의 개념은 유엔기후변화협약(UNFCCC)에 의해 정의된 것으로 '이는 일종의 온실가스 인벤토리 부문으로 인간 활동에 의한 토지이용, 토지이용 변경 그리고 산림 활동에서 발생하는 온실가스 배출을 제거하거나 줄이기 위한 영역'으로 구분한다(UNFCCC 2012). 이 분야에 대한 UN과 국제환경기구(GEF) 및 국제사회의 노력과 다양한 프로젝트 진행에 대한 사항은 http://www.thegef.org/gef/sites/thegef.

어 에너지공급, 교통, 산업, 고체 쓰레기 및 오폐수 분야 등을 비교해 보면 아래 그림과 같다.

<그림 3> 비-토지이용과 토지이용변경 및 산림(Non-LULUCF), 2000

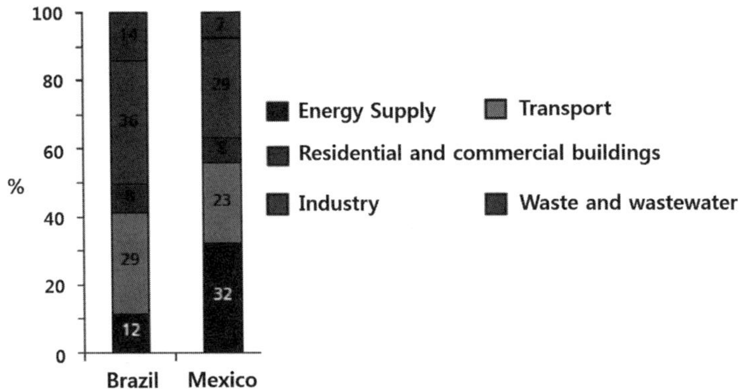

출처 : De La Torre, et al.(2010: 111) 인용.

좀 더 영역을 축소하여 온실가스를 대표하는 이산화탄소 배출 정도를 배출과 관련 분류된 해당 영역별로 살펴보면 예를 들어, 생물권, 산림(산불), 도시의 교통 및 산업 발전 등을 통한 화석연료 영역 그리고 해양 영역으로 구분하여 2000년부터 2009년 사이 배출 정도를 살펴보면 <그림 4>와 같은 결과를 얻을 있다. 특히 라틴아메리카 지역 전체에서 보면 오늘날 급증하는 에너지 이용 증가로 인해 화석연료 부문이 큰 규모를 차지하고 있다. 특이한 변화는 2008-2009년 산림 보호 및 산림보존지대 강화에 따른 산림 정책이 브라질과 멕시코에서 강화되면서 이 수치는 점점 줄어들고 있다는 것을 발견할 수 있다.

<그림 4>의 결과는 사실 라틴아메리카 지역의 온실가스감축 전략에서 가장 문제가 되었던 산림황폐화에 의한 기후변화 악화(표 3 참조)

org/files/publication/LULUCF%20brochure_web_version%20(1).pdf 참조.

<그림 4> 라틴아메리카 지역의 부문별 연간 배출량: 2000-2009

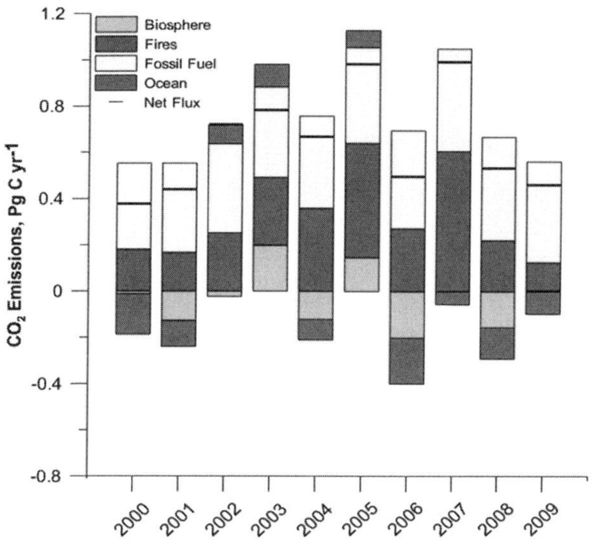

출처 : 한중남미녹색융합센터(GCC-KOLAC)가 기상청의 도움(과학적 도구를 활용 탄소 배출량 분석)을 받아 라틴아메리카지역 탄소배출 FLUX 분석한 자료임(2013).

와 이에 대한 적극적인 대응차원에서 브라질과 멕시코가 취한 다양한 산림 정책의 제도적 이행에서 확인된다(제5장에서 설명). 이는 아래 <그림 5>의 세계 주요 15개국 LUCF 국가별(특히 2위의 브라질과 13위의 멕시코 사례) 그리고 산림황폐화에 의한 탄소배출 정도(2000 통계) 분석과 이에 대한 해결 과정에서 양 국가가 추진하고 있는 산림보존 및 복원 정책에 따른 결과라는 긍정적인 분석도 있다.

2000년 통계로 보면, 브라질과 멕시코의 토지이용변경(산림황폐화) 분야가 차지하는 상당히 크다. 멕시코의 경우, 페루와 베네수엘라에 비해 적은 양이지만 브라질의 경우는 이 분야 영향력이 배출량에서 가장 많은 양을 차지하고 있다. 특히 멕시코의 경우 화석연료 연소에 대한 배출량 영향이 큰 반면에, 브라질은 화석연료연소보다는 토지

<표 3> LUCF 부문 탄소배출 주요 세계 주요 15개국 비교(백만 톤, 2000)

Country	CO_2 EMISSIONS FROM LAND-USE CHANGE & FORESTRY(LUCF) IN 2000				TOTAL CO_2 EMISSIONS IN 2000			LUCF EMISSIONS AS A PERCENTAGE OF DOMESTIC EMISSIONS
	$MTCO_2$ From LUCF	RANK	PERCENT OF WORLD LUCF TOTAL	TONS LUCF CO_2/PERSON	$MTCO_2$ FROM ALL SOURCES	RANK	PERCENT OF WORLD TOTAL	
Indonesia	2,563.10	(1)	33.64	12.4	2,859.10	(3)	9.01	89.65
Brazil	1,372.10	(2)	18.01	7.9	1,708.80	(4)	5.39	80.30
Malaysia	698.90	(3)	9.17	30.4	820.80	(9)	2.59	85.15
Myanmar	425.40	(4)	5.58	8.9	434.80	(15)	1.37	97.84
Congo, Dem, Rep	317.30	(5)	4.16	6.3	318.90	(20)	1.01	99.50
Zambia	235.50	(6)	3.09	22.0	237.40	(28)	0.75	99.20
Nigeria	194.80	(7)	2.56	1.7	273.80	(26)	0.86	71.15
Peru	187.20	(8)	2.46	7.2	215.40	(31)	0.68	86.91
Papua New Guinea	146.00	(9)	1.92	27.6	148.40	(36)	0.47	98.38
Venezuela	144.10	(10)	1.89	5.9	283.30	(25)	0.89	50.86

Country	CO_2 EMISSIONS FROM LAND-USE CHANGE & FORESTRY(LUCF) IN 2000				TOTAL CO_2 EMISSIONS IN 2000			LUCF EMISSIONS AS A PERCENTAGE OF DOMESTIC EMISSIONS
	$MTCO_2$ From LUCF	RANK	PERCENT OF WORLD LUCF TOTAL	TONS LUCF CO_2/PERSON	$MTCO_2$ FROM ALL SOURCES	RANK	PERCENT OF WORLD TOTAL	
Nepal	123.50	(11)	1.62	5.1	126.70	(40)	0.40	97.47
Colombia	106.10	(12)	1.39	2.5	169.50	(35)	0.53	62.60
Mexico	96.80	(13)	1.27	1.0	481.70	(12)	1.52	20.10
Philippines	94.90	(14)	1.25	1.3	170.20	(34)	0.54	55.76
C ó te d'Ivoire	91.10	(15)	1.20	5.4	98.00	(44)	0.31	92.96
World total	7,618.6		100.00		33,544.30		100.00	22.70

출처 : Source: WRI /CAIT 2008, Erin C. Myers Madeira(2008 : 21 참조).

<그림 5> 브라질의 GDP 증가-이산화탄소 배출 관계: 1970–2009

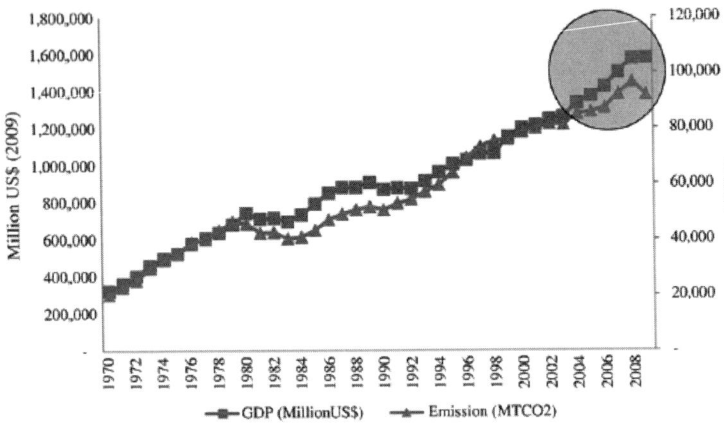

출처 : De Freitas and Kaneko, 2011, p.1460 인용.

<그림 6> 멕시코의 부문별 연간 이산화탄소 배출량 변화: 2000-2009

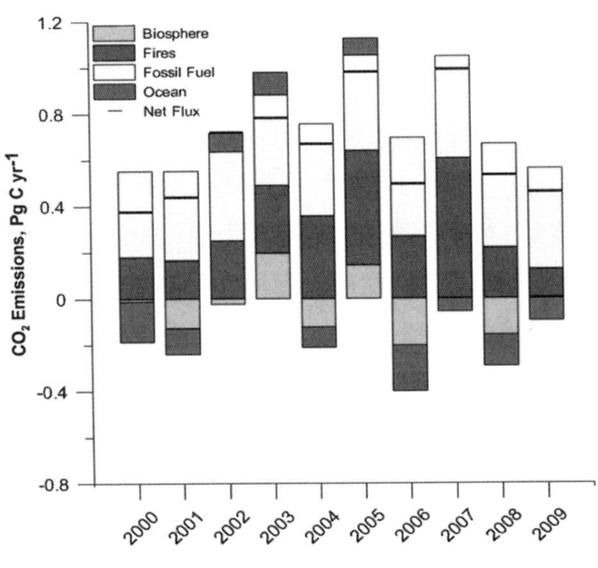

출처 : 한중남미녹색융합센터(GCC-KOLAC)가 기상청의 도움(과학적 도구를 활용해 탄소배출량 분석)을 받아 라틴아메리카지역 탄소배출 FLUX 분석한 자료임(2013).

이용변경, 산림황폐화 부문이 배출량에서 더 많은 양을 차지하고 있다. 이와 동시에 브라질의 경우 경제 성장율의 증가에 따라 에너지소비는 꾸준하게 증가해 오면서 이산화탄소 배출은 점증적으로 증가해 왔다. 아래 <그림 5>에서 보듯이 브라질의 경제성장-이산화탄소 배출은 비례 관계로 발전해 오고 있음을 확인할 수 있다.

<그림 6>에서 보면 멕시코의 이산화탄소 배출(2000-2009)은 대부분 화석연료이용과 관련된 영역에서 많은 배출량을 보이고 있다. 2004년 생물권 영역에서의 배출이 가장 크게 증가했다가 2005년 들어 급감했지만 점점 줄어드는 경향을 나타내고 있으며, 산림 부문 또한 2007-08년 들어 점점 줄어들고 있는 중이다(제5장 설명) 실질적으로 이러한 배출량 감소는 멕시코 정부의 많은 기후변화 정책의 추진과 이행의 결과로 나타나고 있지만 여전히 한계들은 존재한다.

04 기후변화 영향과 정책도입 필요성 분석: 브라질/멕시코 사례

기후변화정책 도입 및 발전과 관련된 양국의 국내외 변수들을 살펴보면, 제일 먼저 국내적 요인들을 들 수 있다. 국내 요인들을 보면 기본적으로 기후변화로 인한 자국 농업의 영향(표 4), 극심한 자연재해로 인한 경제사회적 피해(표 5), 연료 유형에 따른 주요 에너지소비 및 확인 매장량과 이용가능연수(표 6)에 대한 정책적 대응(예를 들어 대체에너지로 재생에너지 개발 및 에너지원 다변화 전략 등) 필요성에서 찾을 수 있으며 적극적으로 정책 도입과 이행을 통해 기후변화영향에 대해 대응해 오고 있음을 볼 수 있다. 이러한 국내 변수들을 <표 4>. <표 5>,

<표 6>으로 구분해서 양국을 비교해보면 다음과 같다.[4]

<표 4> 기후변화에 대한 농업 영향(2003): 브라질/멕시코[5]

국가	생산 백만 달러(GDP에서 %)	생산변화 백만 달러 (생산변화 % / GDP 변화에서 %)
브라질	29,540 (6.0)	-4,976 (-16.8 / -1.0)
멕시코	25,043 (4.0)	-8,856 (-35.4 / -1.4)

출처 : World Bank(2004), F. Rong, p. 4585에서 부분인용.
주 : 대기에 탄소가 증가함으로서 상대적으로 농업 생산량 증가에 혜택을 받는 작물은 배제함.

<표 4>에서 보듯이 브라질(6%)은 멕시코(4%)에 비해서 농업 부문이 GDP에서 비중이 크다. 하지만 두 나라 모두 기후변화로 인해 최근에 농업생산량은 상당히 감소하고 있으며 GDP에서 차지하는 손실도 크게 증가하고 있음을 볼 수 있다. 사실 지난 20년 동안 멕시코의 기후변화로 인한 총 경제적 손실에서 거의 80%는 농업 부문에서 발생한 것으로 보고되고 있다(CEPAL 2007). 예를 들어, 1997-1998년 사이 한 해 동안 발생한 가뭄으로 인해 멕시코는 사상유례가 없는 산불 피해를 경험했으며, 1990년대 가뭄은 멕시코 북쪽지방에서 수자원 관리와 관련된 많은 지방 갈등을 초래한 바가 있다. 2005년도에는 강우량의 부족으로 멕시코 농업 생산량이 13%나 급감한 바가 있다. 이러한 기후변화 영향은 멕시코 농업에 막대한 변화를 야기했으며 특히 산림과 목초지에 영향을 주어 현재 멕시코 산림의 67%가 건조기

4) 본 데이터는 World Bank(2004), F. Rong, p. 4585에서 부분적으로 인용되었다.
5) 양국의 GDP 대비 산업 구조(GDP의 %)를 보면 다음과 같다.

국가	농업	산업(제조업)	서비스업
브라질	6	29(18)	66
멕시코	4	36(19)	60

출처: World Bank 2009.

후 혹은 열대림으로 변할 전망이다. 산림지대가 건조해지면 멕시코 중앙과 남부 지역에 사바나 기후 지대가 형성되어 점점 자연 화재 발생률이 증가하게 되며 이로 인한 이 지역이 생물다양성 파괴, 생물종의 멸종 등과 더불어 농업 생산량 감소에 다시 막대한 영향을 줄 것으로 예상된다(FAO Note, Mexico Country File 참조, 2009: 2).

특히 멕시코 농업에서 가장 중요한 농작물은 옥수수로 현재 경작 가능한 지역에서 50%를 차지하고 있으며(2009년 통계), 이 작물은 기후변화, 특히 가뭄에 상당히 민감한 반응을 하는 작물이다. 2020년 멕시코 기후변화 시나리오에 의하면, 옥수수 수확량은 점차 감소할 것으로 전망되며 옥수수 생산에 부합하지 않은 토지도 점차 증가(약 4.2%)할 것으로 예상된다. 옥수수 생산량 감소(그림 9 참조)에 의해 이를 대체할 작물들 예를 들어, 밀이나 귀리 같은 농작물 생산이 증가할 것으로 예상된다. 하지만 멕시코 농업에 더욱 중요한 위기는 목초지의 감소로 2020년까지 현재보다(2002년 기준) 6%, 2050년까지는 약 13.2% 감소가 예상되는 바, 특히 북쪽 지방이나 중앙에서 이러한 현상은 두드러질 것으로 보이며 이는 가뭄, 토질 악화 그리고 환경 변화로 인한 전염병의 증가와도 무관하지 않다(IIASA, Mexico Country File, 2009: 3 인용 및 참조).

멕시코 정부의 위기의식은 국내 차원에서 다양한 기후변화 대응 프로그램의 도입과 정책의 제도화 강화를 통해 나타난다. 1997년 처음으로 국가위원회를 구성하여 멕시코 온실가스 인벤토리 보고서를 작성했으며 멕시코 기후변화 취약성에 대한 연구 보고서를 발표했다. 특히 농업부문에 대한 변화, 다시 말해서 토지이용, 토지이용변경 등을 분석 요소로 포함해 농업부문에 대한 기후변화영향과 이 분야에서 발생하는 온실가스를 연구했다.[6] 2007년 멕시코 정부는 '국

6) 2001년 6월 발표한 2번째 보고서는 1994-1998년 국가 온실가스 인벤토리를 구체

가기후변화전략(ENACC)'을 공식화해 이산화탄소 배출 감축과 기후변화 적응을 위한 지방 및 국가능력(state capacity) 향상을 위해 다양한 조치를 구상해 오고 있다. 가장 눈에 띄는 제도화는 2012년 6월 멕시코의 펠리페 칼데론(Felipe Calderon) 행정부가 채택한 '기후변화일반법(General Climate Change Law)'이다. 이러한 멕시코의 기후변화법 채택은 개발도상국들 중에 기후변화에 대한 대응과 적응에 대한 진전된 제도적 접근으로 상당히 의미 있는 발전이라고 전문가들은 분석한다.[7)]

이와 더불어 기후변화 영향은 심각할 정도로 한 국가의 경제 사회적 지표의 불균형을 초래하는데, 예를 들어, 수많은 국제환경회의 개최(리오 세계환경회의)를 통해 지속가능한 발전을 주도함은 물론 신흥국가로 부상한 브라질과 OECD 국가로서 멕시코의 경우는 국가 위상 및 시민들의 경제사회적 삶에 대한 고려(표 5)와 에너지소비 패턴(표 6) 등에 막대한 영향을 주었다(F. Rong, p. 4585).

적으로 분석하고 미래 방출량에 대한 시나리오도 작성하였다. 2006년 11월 세 번째 국가 보고서는 1993-2002년 사이 멕시코 토지이용변경을 포함해 국가 온실가스 인벤토리를 작성했으며, 수자원, 산림과 농업 분야에 대한 평가 취약성 등을 문제점으로 지적하였다. 세 번째 국가보고서 작성은 멕시코 정부 단독이 아닌 공공-민간, 대학, 비정부기구 등이 함께 참여하여 관심 분야에 대한 시민 참여를 유도하였다. 이후 2009년(4차), 2012년(5차) 국가인벤토리 보고서를 발표하고 있다.

7) 기후변화법 제정과 이의 정책적 구현을 위해 멕시코 정부가 기대하고 있는 목표는 온실가스배출을 2020년까지 현 배출양의 30%(2050년에는 50%)까지 줄이겠다는 목표와 특히, 2024년까지 멕시코의 전력부문에서 저탄소원(비-화석연료, 재생에너지 등)의 몫을 35% (2050년에는 50%)까지 강화하겠다는 의지를 보여주는 것이다. 비록 이러한 목표 - 2050년까지 배출량 50% 감축, 재생에너지 50% 대체라는 일종의 '50년'까지 각각 '50%', '50%' 달성 이라는 'triple 50 구현'을 위한 다양한 정책 도입과 이의 이행을 위한 많은 프로그램들이 가속도를 내고 있다.

<표 5> 기후변화 관련 자연재해로 인한 경제사회적 피해(2010)

국가	브라질	멕시코
2000-2009 인구 영향 POP의 % 경제적 손실(US$) GDP의 %	 650,638 0.35 409,484 0.06	 650,663 0.61 1,318,330 0.21
1990-2009 인구 영향 POP의 % 경제적 손실(US$) GDP의 %	 841,942 0.52 242,532 0.04	 428,301 0.46 1,025,421 0.23

출처 : F. Rong, p. 4585에서 부분인용

<표 6> 연료 유형에 따른 주요 에너지소비 및 확인 매장량과 이용가능연수 (%, 년, 2008)

국가	에너지 소비: 석유	에너지 소비: 천연가스	에너지 소비: 석탄	에너지 소비: 기타**	매장량에 따른 이용 연수: 석유*	매장량: 천연 가스*	매장량: 석탄*
브라질	46	10	6	37	8	1	22
멕시코	53	35	5	6	10	3	5
세계	35	24	29	12	15	15	51

출처 : BP, 2009.

주 : * 연간 국내 총에너지소비 대비 실질적으로 확인된 재생에너지 잠재성 따른 사용 가능 연수;

** 기타는 수력, 원자력발전, 바이오에너지, 풍력 등을 포함.

위 표에서 보듯이 기후변화로 인한 경제사회적 피해는 브라질보다 멕시코에 더 많은 영향을 주고 있는 것으로 분석된다. 특히 GDP 기준 피해는 멕시코에 거의 6배 이상의 피해가 발생하면서 기후변화에 대한 대응 수준에도 영향을 준 것으로 분석될 수 있다.

브라질과 멕시코의 경우 에너지소비에서 여전히 화석연료가 차지하는 비중이 거의 절반에 이르고 있으며 멕시코의 경우는 천연가스 소비에서 브라질의 3배 규모이다. 하지만 두 국가 모두 미래 에너지

<표 7> 등록된 프로젝트 및 예상되는 연평균 CERs(2009)*

국가	등록된 프로젝트	예상되는 연평균 CERs
브라질	164(9.0%)	20,810,244(6.5%)
멕시코	118(6.4%)	8,948,550(2.8%)
세계	1831(100%)	318,699,336(100%)

출처 : http://cdm.unfccc.int.

주 : * 탄소배출권(CERs)은 청정개발체제(CDM) 프로젝트 활동으로 인해 줄어든 배출량의 감축분에 대하여 발행된다.

<표 8> 미래 에너지 관련 분야 이산화탄소 배출 수준 변화 예상(2007/2030)

국가	2007년 연간 이산화탄소 배출 (백만 메트릭 톤)	2007년 연간 이산화탄소 배출 (세계 총 %)	2007년 연간 이산화탄소 배출 (1인당 배출 메트릭톤)	2030년 예상 배출량 (백만 메트릭톤 및 세계 총 %)
브라질	350	1.2	1.8	682(1.7)
멕시코	451	1.5	4.1	557(1.4)

출처: F. Rong, p. 4585에서 부분인용.

원으로서 화석연료에 대한 의존도는 매장량에 따라 점점 줄어들 것으로 보이며 이에 대한 대체에너지원 개발이 신재생에너지원 개발 정책으로 옮겨와 있다.

위와 같은 국내 경제사회 및 에너지이용에 대한 영향과 더불어 기후변화 정책 도입 및 발전은 대외적인 대외 변수들도 고려해야 한다. 대외적인 변수들로는 기후변화 국제협력 차원의 탄소배출권(CERs)거래 및 금융 혜택(표 7), 미래에 실질 탄소 배출 증가에 따른 위기 및 이에 대한 대응 압력(표 8) 등의 요인들에서 기후변화 정책 도입 및 정책 이행을 살펴볼 수 있다.[8]

8) 탄소배출권은 유엔기후변화협약(UNFCCC : UN Framework Convention on Climate Change)에서 발급하며, 발급된 CERs은 시장에서 상품처럼 자유롭게 거래할 수 있다.

그럼에도 불구하고 도입부에서 언급했듯이 미래 에너지 관련 브라질과 멕시코는 현재와 비교해서 탄소배출량은 그리 크지 않을 것으로 분석 전망되며, 특히 멕시코의 기후변화관련 대응과 적응 정책의 적극적인 추진(5장),브라질의 재생에너지 분야 정책 발전 등으로 배출량은 현저히 감소할 것이라는 전망도 가능하다. 하지만 이는 화석연료 에너지소비 부문에 대한 멕시코 정부의 적극적인 대응 정책의 지속성과 브라질의 산림 부문에 대한 적극적인 대응 정책의 지속 하에 가능할 것으로 보인다.

종합적으로 보면 멕시코의 경우 브라질에 비해 기후변화의 영향은 멕시코의 농업부문, 경제사회적 이슈에서 더 많은 피해를 주었으며 이는 생태적으로 높은 취약성을 보이면서, 동시에 이 분야에 대한 온실가스 저감 비용도 낮아 이 분야에 대한 적극적인 기후변화 정책의 도입과 정책 이행이 예상된다. 하지만 탄소배출의 중요 원인이 되는 화석연료 및 에너지소비 증가에 대한 취약성은 높아 이 분야에 대한 가장 적극적으로 대응 정책을 내어야 함에도 불구하고, 변화하지 않고 있는 화석연료 의존경제는 멕시코의 온실가스 저감 비용을 높이고 있어 이 부문에서는 상대적으로 소극적 대응이 예상된다.

브라질의 경우는 탄소배출이 LUCF 부문, 특히 산림황폐화 부문에서 주로 발생하는데 이에 대한 저감 비용은 브라질의 향후 경제발전 및 농업 생산량 그리고 수출 증가 지속 등을 고려하면 상대적으로 저감 비용은 상당히 높은 편으로 이에 대한 정책 도입(산림법 사례처럼)은 상당히 소극적 경향을 띨 것으로 보이며, 반면에 상대적으로 저감 비용이 낮은 재생에너지(특히 에탄올 생산) 분야는 상당할 정도로 활발한 정책 도입과 투자가 진행 중이다. 다음은 이러한 잠정적 가정과 예상들에 대한 두 국가의 실질 정책 사례들이다. 정책 도입과 정책의 이행 과정에서 이러한 가정들을 검토해보고자 한다.

05 라틴아메리카 기후변화정책 선호도: 브라질/멕시코 vs 산림/에너지

위와 같은 배출량에 대한 과학적 통계 자료들(II, III)을 기반으로 증가하는 온실가스 배출과 기후변화 영향에 대한 대응 차원에서 기후변화 정책의 도입/이행의 방향(IV)은 이 지역에서 많은 환경기구의 설립과 제도 변화 그리고 이를 줄이기 위한 다양한 기후변화 실질 대응 정책의 등장에서 확인된다. 특히 2000년대 들어 이 지역 환경 정책 결정자들은 온실가스배출을 줄이기 위한 다양한 노력들 - 법과 제도 개선, 다양한 대응 및 완화 전략을 담은 프로젝트 및 정책적 전략 마련 및 국제협력을 통한 기후변화기금 조성 등을 해 오고 있다. 하지만 무엇보다도 라틴아메리카 국가들의 기후변화 대응 정책은 실질적으로 탄소배출 감소 및 이의 완화 정책에서 그 중요한 변화가 목격되며, 특히 지역의 경제발전은 물론 자연자원 활용이라는 특징을 감안한 다음과 같은 2개의 거시적 방향과 전략에서 확인된다.

먼저, 기존 그리고 현재의 '화석연료'이용과 소비를 줄이고 대체에너지로 '재생에너지원' 개발을 촉진한다는 전략과 다른 한편으로는 아마존 같은 산림 및 생태계를 보호하면서 '산림 황폐화'를 막음과 동시에 '산림복원'에 많은 프로젝트를 개발해 간다는 전략이 대표적이다. 예를 들어, 새로운 국제기금을 마련해 금융 보상을 통한 '산림전용방지 및 산림관리를 통한 탄소배출권 확보'(REDD+, Reduced Emissions from De-forestation and forest Degradation)' 같은 프로젝트가 대표적이다 (Hall, 2011).

하지만 경제 활동의 증가와 더불어 인위적인 부문에서 발생하는 차원에서 화석연료 이용을 줄이고 온실가스배출량 감소를 위해 중요한 전략으로 추진 중인 또 다른 중요한 정책은 녹색환경기술을 도입함으로서 '에너지효율성'을 개선하는 것이다(Augusto de la Torre et al., 2010). 예를 들어, 청정개발체제(CDM, Clean Development Mechanism, 표.8 참조) 프로젝트(Lokey, 2009)의 확대 및 '저탄소 교통시스템'의 도입 같은 정책은 대표적이라고 할 수 있다(ECLAC 2010).

<표 9> 세계 및 지역별 CDM 사업 현황(%, 2012)

지역 구분	등록된 CDM		2012 CERs		진행 중 총 CDM		2012 CERs	
	수	공유	kCERs	공유	수	공유	kCERs	공유
아시아 태평양	3,871	82.6	1,774,829	80.5	7,333	81.3	2,030,902	79.3
중국	2,363	50.4	1,288,064	58.4	4,028	44.7	1,419,813	55.5
인도	908	19.4	276,818	12.6	2,159	23.9	373,349	14.6
아세안	483	10.3	92,515	4.2	916	10.2	115,997	4.5
라틴 아메리카	629	13.4	316,347	14.4	1,230	14.0	358,446	14.0
아프리카	94	2.0	63,235	2.9	261	2.9	101,310	4.0
중동	49	1.5	30,854	1.4	98	1.1	34,063	1.3
유럽, 중앙아시아	42	0.9	18,672	0.8	99	1.1	35,738	1.4
총	4,685	100.0	2,203,938	100.0	9,021	100.0	2,560,460	100.0

출처 : http://www.cd4cdm.org/CDMJIpipeline.htm

좀 더 명확한 부문으로 라틴아메리카 기후변화 관련 전문가들 및 정책 결정자들은 가장 긴급하게 급증하는 지역의 온실가스배출에 대한 대책에서 '화석연료' 및 '산림황폐화'에 대한 정책적 대응을 우선순위로 놓고 전략을 마련하고 있다. 왜냐하면 다른 영역에서 온실가스 배출 저감에서 중요하지만 이는 보다 자연적인 영향이 크고 그리고 장기적인 관점에서의 대응책이 요구되는 반면, 당장 단기적으로 그리고 급증하는 인간(경제) 활동 부문, 예를 들어, 교통, 산업발전을 위해 소비되는 화석연료의 소비량 증가나 농업 생산량의 증대를 위한 토지이용 변경 등으로 무분별하게 산림이 황폐화됨으로서 온실가스(탄소) 흡수원을 급속하게 제거해 가고 있기 때문이다. 특히 이러한 경향과 사례는 아마존 산림 훼손이 대표적이다(Schwartzman et al., 2012). 온실가스 배출에 대한 2000년대 이후 데이터들과 그리고 다양한 대응 프로젝트들(REDD+, CDM)이 진행 중이지만, 위와 같은 2개의 거시적 차원의 정책 선호도를 가지고 대응 전략을 강화해 오고 있다. 이를 기초로 라틴아메리카 국가들(브라질과 멕시코 중점)의 2000년대 이후의 정책적 대응 전략들을 살펴보면 다음과 같다.

06 화석연료이용 감축 및 재생에너지 개발 정책 도입 및 발전

언급했듯이, 2000년대 이후 라틴아메리카 국가들이 가장 역점을 두고 기후변화에 대응하기 위해 펴 오고 있는 정책 선호도의 하나는 화석연료 이용 저감과 재생에너지(바이오연료, 태양력, 풍력, 지열 등) 개발 부문에 집중되어 있다. 이와 같은 정책 방향은 기존의 석유 및 가솔린에 기반한 화석연료 사용 의존도를 줄이는 데에 다양한 정책 개발과 경제적 인센티브(정부 보조금제도) 제공 그리고 정책 이행을 위한 기구 설립 및 제도 개선에 집중되어 있다. 특히 대부분의 국가들이 화석연료 부문에 대한 정책적 규제를 강화하는 한편 다양한 형태의 경제적 인센티브를 제공하고 재생에너지 개발 및 이를 위한 청정에너지 개발 기술에 많은 투자를 해 오고 있다. 이러한 기후변화 완화 노력은 이들 국가들에서 재생에너지를 통한 에너지 공급 비율을 높여 오고 있는 사례에서 확인된다. 예를 들어, 브라질의 경우, 2002년 브라질 정부는 재생에너지인 에탄올을 이용한 겸용(에탄올/가솔린) 자동차 생산과 관련 생산세 인하 및 시민들의 구매에 대한 정부 보조금 지급 등 생산과 소비에 대한 인센티브를 제공해 교통 부문에서 탄소 배출량을 줄이는 정책을 펴 오고 있다.[9]

브라질 정부는 특히 에탄올 생산의 주원료인 사탕수수 산업에 대한 저장보관비를 지원해 줌으로서 지속적인 에탄올 공급을 보장하는 정책을 펴기도 했다. 결과적으로 2008년 말에는 심지어 도로 위의 경승용차의 연료 소비에서 에탄올이 52% 이상을 점하기도 했다(HSBC Brazil Sugar and Ethanol Industry Report, 2009).

브라질을 포함해서, 콜롬비아, 아르헨티나 그리고 여타 남미 국가들은 오늘날 바이오연료 생산에서 두 번째로 큰 생산자 역할을 하고 있다. 코스타리카의 경우는 재생에너지 분야, 특히 풍력 개발 기술에 막대한 투자를 통해 대체에너지 분야를 리드하고 있으며 이미 제1차 에너지원으로 99.2%가 재생에너지원이다(Natural Resources Defense Council, 2007). 이에 더하여 중앙아메리카 국가들은 2012년 한 해에만 지열 발전을 통해 130메가와트(MW) 전력 공급을 약속하고 있기도 했다. 반면에 멕시코, 칠레, 페루의 경우는 태양열 발전에 관련 제도와 정책을 만들어 많은 투자를 해 오고 있다(BNEF, 2012). 우루과이의 경

9) 브라질에 풍부한 에탄올을 활용한 교통 및 수송부문 대체에너지 개발 촉진 과정을 보면, 브라질 정부는 1973년 오일 쇼크 이후 에탄올을 중심으로 하는 대체에너지 산업을 육성하면서 교통 및 수송부문에도 에탄올 혼합 연료 사용을 의무화했으며 특히 2002년 룰라 정권 집권과 더불어 대체에너지 개발 사업이 더욱 확대되자 자동차 업체들은 가솔린 엔진을 개조한 에탄올 혼합연료 차량 라인업을 강화하였으며, 2003년에 완전한 혼합연료차(FFV; Flexible Fuel Vehicle)의 상용화에 성공하여 가솔린과 에탄올의 혼합 비율에 상관없이 에탄올 20~100% 연료로 운행 가능한 차량을 개발해 냈으며, 에탄올 혼합 연료 차량은 유가 상승에 따라 꾸준히 증가하여 2007년 이후 브라질 승용차 시장의 80% 이상을 점유하고 있다(신은주 2012, p.11 인용).

<그림 7> 브라질의 혼합연료 에탄올 겸용 차량 판매 추이(2002-2011)

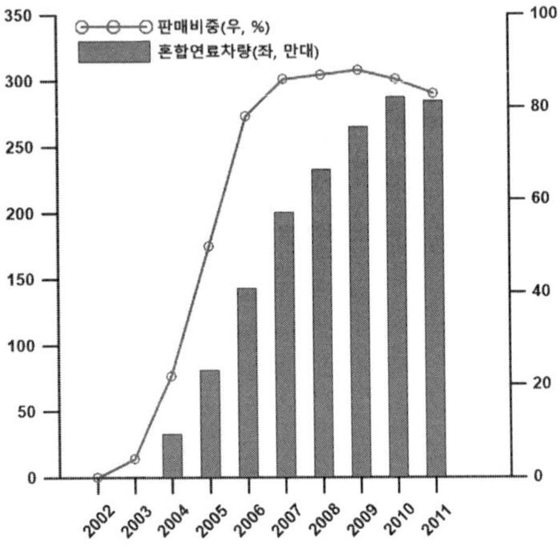

출처 : 신은주, p.11 인용.

우는 국가에너지정책 개혁을 통해 재생에너지 분야 개발 추자를 강화해 오고 있는데 2008년 중장기 25년 계획을 통해 화석연료 의존을 줄이고 에너지 믹스의 다원화를 추구하고 있다. 예를 들어 우루과이의 에너지 다원화 정책을 보면 가장 큰 특징이 2015년까지 전력 공급의 15%를 풍력 발전을 통해 달성한다는 야심찬 계획을 실행 중이다.[10] 물론 이러한 개발 프로젝트들의 활성화를 위한 정책들을 도입해 오고 있는데, 예를 들어, '재생에너지 포트폴리오 표준화 및 이의 제도화, 각종 세제 혜택 제도 도입(feed-in tariff schemes) 그리고 경제적 인센티브 제공 및 재생에너지 옥션 제도 도입 등을 통해 가격의 인상 혹은 확실한 수요의 확대'를 위한 계획들이 이행되고 있다(Olivas, 2010). 이러한 관점에서 니카라과는 최근 좋은 정책적 성과마저 보이고 있다. 재생에너지 개발 분야에서 제도화 수준, 투자 및 기후금융,

10) http://www.upi.com/Business_News/Energy-Resources/2013/03/15 (2013. 7월 25일 방문).

저탄소 비즈니스 그리고 녹색 가스 관리 등의 평가 대상에서 라틴아메리카 총 26개 국가 중에 브라질에 이어서 2번째로 좋은 성과를 내고 있다'(Climate Score, 2012). 2010년 기준으로 니카라과 총 전력 발전량에인 384. 7GWh 중에 이미 재생에너지 부문이 11%를 차지하기 시작했는데 이는 지역의 특성을 잘 활용한 지열 발전에 많은 투자를 해 오고 있기 때문이다(Climate Score, 2012: 86). 특히 이러한 지역 특성은 오늘날 니카라과가 국제사회로부터 지열 발전에 대한 잠재성을 인정받고 있으며 발전 잠재성은 더욱 커질 전망이고 이러한 정책적 목표 달성을 위해 니카라과는 많은 CDM 프로젝트를 받고 있다. 많은 프로젝트들이(라틴아메리카 지역에서 3위 수준으로) 재생에너지 개발 사업 및 산림복원 사업에 투자되고 있다.

올리바스(Olivas, 2010) 그리고 Climate Score(2012)에 의하면, 브라질의 경우 재생에너지 발전 분야 리드 국가이다. 특히, 브라질은 PROINFA 프로그램을 통해 재생에너지 개발 분야에 막대한 금융 및 투자 지원을 진행해 왔고 있는데 이러한 프로젝트 지원에 투자되는 사업비의 70%를 브라질국가개발은행(BNDES)이 담당하고 있다.[11] 게다가 코스타리카, 페루, 그리고 칠레의 경우는 이미 그들의 에너지 정책에서 재생에너지 및 청정에너지 투자에 속도를 내고 있다. 특히, 탄소무역(탄소신용; Carbon Credits) 같은 새로운 정책 도입과 이의 입법화 과정은 라틴아메리카 탄소감축을 위한 많은 재생에너지분야 개발 잠재성을 높이고 있다.[12] 아쉬운 점은 대부분의 CDM 프로젝트들은 오

11) 올리바스에 의하면(Olivas 2010), 'BNDES 바이오 전력 그리고 다른 재생에너지 프로젝트에 적극 투자를 강화해 오고 있다. 2009년에만 바이오에너지 분야에 대한 투자가 총 98억 달러에 달한다. 글로벌 차원에서 가장 주도적인 투자 규모를 자랑한다.

12) 올리바스(Olivas)에 의하면, 라틴아메리카와 카리브 지역은 쿄토(Kyoto) 기후변화 국제레짐 발전에 가장 중요한 역할을 할 것으로 예상되며 이를 증명하는 것으로 2020년에 이르면, 라틴아메리카 지역의 탄소 금융 투자가 34억에서 42억에 이를 것으로 내다보고 있다(2010).

늘날 브라질과 멕시코에 집중되어 있는 데, 그럼에도 불구하고 이는 지속적으로 이들 국가들의 온실가스 관리 활동에 많은 영향을 주고 있다. 많은 투자 유인을 위한 실천적인 정책을 살펴보면 예를 들어, 멕시코 정부는 2010년 자동차 '공회전 규제 제도' 도입, 브라질의 풍력, 수력 그리고 바이오매스 사업의 옥션을 통한 경매제 도입 등이 두드러진다. 중미 지역 국가들은 '의무 할당제'를 2007년에 도입해 교통 연료 분야에서 기존 화석연료의 15%를 바이오연료로 대체해 간다는 정책을 이행하고 있다. 칠레 또한 재생에너지법을 2008년에 제정하여 투자와 정부보조금 제도를 도입해 이 분야 개발을 독려하고 있다. 페루는 모든 분야를 경매 제도로 개방하는 정책을 펴고 있다(Olivas, 2010).

하지만 위와 같은 기후변화 관련 거시 정책들과 실천적인 정책들의 이행에도 불구하고 그리고 지역의 특징으로 많은 재생에너지 개발을 위한 자연자원(풍력, 태양력, 지열, 소수력, 바이오매스 등)을 보유하고 있음에도 불구하고, 이 지역은 여전히 상대적으로 대체 에너지원 개발에는 그리 많은 발전을 거두지 못하고 있다. 여전히 다양한 분야-기술, 금융 그리고 제도적 능력 등에서 개발 장벽이 존재하고 있기 때문이다(Lokey, 2009).

마지막으로 에너지 효율화 부문에서 많은 전문가들은 이 지역의 에너지 효율 기술 향상을 위한 다양한 정책 발전에 대해 호의적인 전망을 내 놓고 있다. 특히 지속가능한 도시교통 관련 정책들 도입 그리고 일반 가정에서의 효율성 높은 전기 제품들의 사용 증진 등이 눈이 띄게 발전해 있다. 그럼에도 불구하고 한계는 여전히 이 지역 시민들의 일상생활에서 여전히 에너지 비효율적인 제품들에 대한 사용과 소비 선호가 우세하다는 장애도 존재한다(Augusto de la Torre et al., 2010). 지속가능한 도시교통 정책을 통해 저탄소 교통 인프라 구축은 많은 국가들에서 새로운 도전으로 등장했다. 예를 들어, 2008년 아르헨티나의 철도 시스템 개선(교통신호 및 운행 시간 감축, 철로 확대 등) 정책 등은 저탄소 시스템 구축의 좋은 사례들이며, 칠레의 경우에는 2011년-2012년 동안, 도로를 달리는 모든 교통수단들에 대해 강력한 탄소배출 규제를 강화하는 정책과 새로운 법적 장치를 마련하는 등 노력을 하고 있다.

멕시코의 경우는 2008년 도로를 운행하는 자동차의 탄소 배출에 대한 규제 정책에서 국제적 표준을 받아들였으며, 니카라과는 2009년 자동차 탄소 배출 감시 및 규제법을 제정하여 10년이 넘은 자동차의 수입을 엄격하게 제한하는가 하면 도시 버스들을 교체하는 노력을 해 오고 있다(ECLAC 2010). 하지만 위와 같은 다양한 형태의 지속가능한 교통 정책들은 오염 감축 그리고 에너지 효율성 증진이라는 거시적인 방향 설정 속에서 이제 막 시작한 정책이라서 향후 정책의 효율성은 지켜보아야 할 것이다.

07 산림황폐화 감소 및 산림보존 관련 정책 도입 및 발전

2000년대 이후 라틴아메리카 국가들의 기후변화 정책은 산림황폐화 감축 및 방지 그리고 생태 보호지역 유지 및 확대 노력에 많은 초점이 맞추어져 있다. 이러한 변화를 잘 설명하는 국가 사례들은 브라질, 파라과이 그리고 코스타리카(1996년 산림법 7575)의 산림보호 정책들이다.[13] 물론 이러한 산림 보호 관련 제도 발전에도 불구하고 라

13) 아직까지 풍부한 산림 생태계를 보유한 라틴아메리카는 산림 감소 및 산림 황폐화

틴아메리카의 많은 국가들에서 21세기 초반 이 지역 경제 붐을 이끌고 있는 농작물들(대두, 사탕수수, 커피 그리고 육류)의 생산 확대를 위한 토지이용변경과 기존 생산 중심적인 농업 정책 유지라는 현실적인 문제로 산림황폐화가 지속되어 온 것도 사실이다(Augusto de La Torre et al., 2010).[14] 예를 들어, 지난 20년 동안 브라질은 세계 수준에서 대표적인 농업 생산물 수출국으로 등장했다. 특히 대두 수출은 세계 2위로 등장했을 정도이다. 이러한 농업 생산물 확대로 인한 이점 그리고 경제적인 인센티브는 여전히 남미 국가들의 산림 보존 정책들과 많은 갈등을 낳고 있다.

거시적 관점에서 이러한 경향과 갈등이 지속되고 있는 동안 그럼에도 불구하고 산림 보호에 대한 많은 정책 혹은 제도적 노력은 지속되어 오고 있다. 2012년 브라질 의회는 마침내 오랫동안의 사회 및 환경적 논쟁이 지속되어 오던 산림보호법을 통과시켰다. 물론 브라질 산림보호에 대한 새로운 규칙과 토지이용변경을 엄격하게 제한하게 됨으로서 이는 새로운 정책 변화로 받아들여지고 있지만, 현실적으로 위와 같은 환경보호/농업 및 경제발전이라는 갈등과 딜레마는 실질적인 정책 이행 과정 속에서 여전히 상존한다.[15] 그럼에도 불구

방지를 통한 온실가스 배출량 감축(REDD+) 활동의 핵심적인 역할을 수행중이다. 코스타리카는 유엔기후변화협약(UNFCCC) 내에서 열대우림 연합에 가입된 회원으로써, 탄소시장을 통해 REDD+활동의 재원을 마련하자는 구상에 동의한 최초의 국가임(Liane Schalatek, et al., 2012: 2)

14) 브라질의 '농업에 대한 기후변화 영향 국가보고서(2009)에 의하면, 브라질은 세계에서 화석연료 부문 탄소배출은 4위, 산림황폐화 부문에서는 1위로 기록되어 있다. 하지만 이러한 순위는 점점 낮아지고 있는 경향으로 보고되고 있다(World Bank's Country Report, 2009: 6).

15) 실질적으로 브라질의 1965년 산림법은 그동안 브라질 사회에서 많은 갈등과 문제점들을 유발해 왔다. 특히 산림 소유주와 환경론자 그리고 농업 종사자들 사이에 산림 개발과 보존을 놓고 많은 이익 갈등을 벌여 왔다. 이와 동시에 2012년 산림법은 제한된 지역과 서로 상이한 이해당사자들 사이의 제한된 지역에서의 합법적 보존 문제가 갈등의 중심으로 전환되었다.

하고 이와 같은 정책 변화는 중장기적인 관점에서 기후변화에 대한 선호도의 방향을 바꾸어 가고 있다는 점에서 상당히 주목된다. 멕시코는 산림보호에 대한 몇몇 보호프로그램(예를 들어, PROARBOL)들을 정책적으로 받아들이면서 선호도의 변화를 리드하고 있다(World Bank Report with Mexico, 2009).

산림보호와 관련된 가장 획기적이고 중요한 정책 변화와 도전은 REDD 프로젝트이다. '2012년 이후 이러한 REDD 프로젝트는 산림보호 지역의 환경과 사회적 역할을 강화해 오고 있다(Hall, 2011: 184).[16] 물론 국제적인 기후변화 협력 프로젝트 기능이 크지만 이러한 정책은 산림에 대한 탄소시장 그리고 탄소신용을 발생시켜 개발도상국을 지원함과 동시에 국제협력을 통해 기후변화 문제에 대응한다는 의미 있는 진전이다. 최근 아르헨티나, 볼리비아, 콜롬비아, 코스타리카, 멕시코, 니카라과, 파나마, 파라과이 그리고 페루에서 이러한 프로젝트를 진행하고 있다. 특히 아르헨티나와 멕시코 그리고 니카라과는 산림 의존형 공동체 개념의 대안 생활 시스템 개발을 통해 산림 관리 체제를 새롭게 해 가고 있다. 볼리비아와 멕시코도 공동체 산림이라는 개념을 도입했고, 콜롬비아는 벌채율을 줄여가고 있으며 코스타리카, 멕시코 그리고 니카라과는 산림복원 분야에 많은 정책적 인센티브 제도를 도입해 변화를 리드하고 있다. 특히 브라질은 오늘날 시장 기반의 접근법들과 그것들이 국가 주권에 미칠 영향에 대해서는 신중한 입장을 유지해오고 있기는 하지만, REDD+의 실행에 있어 중요한 역할을 담당하고 있다. 뿐만 아니라 브라질은 2009년 브라질개발은행(BNDES)이 운영하는 아마존펀드(AF)를 설립하는 등

16) CDM사업과 달리 REDD(Reducing Emission from Deforestation and forest Degradation in developing countries)는 개발도상국의 정부, 기업, 지역주민들과 원주민들이 산림을 벌채하는 대신 보호에 노력을 기울이면 경제적인 보상을 해주는 제도이다(장수환 2011: 272) 인용.

<그림 8> 기후변화 적응 및 완화 기금 수혜 라틴아메리카 10개국 비교 (2012, 백만 달러)

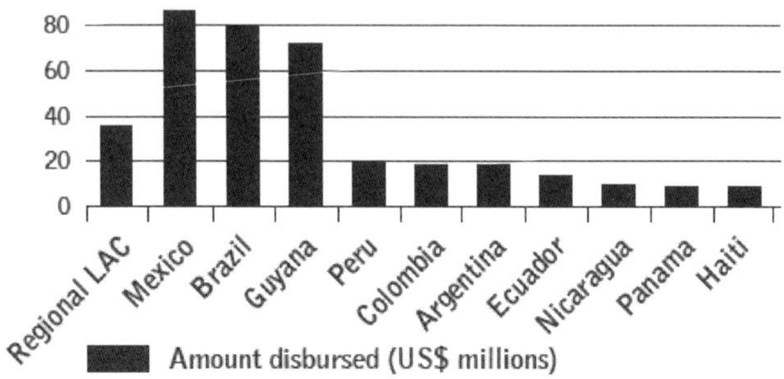

출처: Liane Schalatek, et al.(2012), p.2 인용.

REDD+프로젝트를 실행하는데 주도적인 역할을 하고 있다. 아마존 펀드는 산림 파괴를 예방하고 감시하는 프로젝트에 투자하고, 아마존 강 유역의 산림 보호와 그것들의 지속가능한 사용을 위해 투자된다.[17]

특히 멕시코의 국가기후변화전략(ENACC)은 멕시코의 지나친 탄소 집중도 경제 산업 구조 개선을 위해 그리고 농업분야에서 산림복원, 토양복원, 상업적 조림(commercial plantations) 조치들을 우선적으로 정책에 반영해 오고 있다. 지난 15년 동안(1990-2005년) 멕시코의 산림황폐화는 약 4만 8,000㎢에 달했다. 연평균 황폐화율은 동기간 동안에 0.5%로 대부분의 원인은 산림을 농경지로 전환시키는 토지이용 변경, 불법벌채, 산림산업의 비효율적 관리, 인프라 건설, 불충분한 제

17) 아마존펀드는 2011년 10월까지 1억 2700만 달러(US)의 가치가 있는 20개 프로젝트를 인가했고 3,300만 달러(US)에 이르는 자금을 지원했다. 아마존펀드에 가장 크게 기여한 국가는 노르웨이로, 노르웨이는 2009년-2015년 사이 10억 달러(US)의 지원을 약속했고 가이아나 또한 REDD+를 위한 새로운 접근법을 시행하는 등의 노력을 하고 있다. 또한 브라질과 페루는 CIF 산림 투자 프로그램의 참여 국가들이다(Liane Schalatek, et al., 2012: 2).

도적 지원 등에 의한 것이었다. 산림 1 헥타르 훼손은 20-170 톤의 이산화탄소를 대기로 방출에 해당되며 이는 산림 유형에 따라 차이가 있다. 이에 대한 대응 프로그램으로 멕시코 정부는 CONAFOR(2007)라는 기구를 두고 PROARBOL 프로그램을 이행해 오고 있다. 구체적인 프로그램은 탄소 스톡의 보호, 탄소포집, 탄소치환 등의 프로그램을 운용하고 있다. 가축에서 발생하는 메탄(CH4)은 온실가스의 주요 요인이다. 예를 들어, 멕시코의 총 메탄가스 방출 중 가축이 차지하는 비중은 89%에 달했다(1990-2002년 통계). 청정개발체제(CDM) 프로젝트를 통한 국제협력 모색으로, 특히 멕시코는 농업 분야에 대한 탄소거래에 적극 참여 중이며, 세계적으로 등록된 농업 관련 프로젝트의 25%, 라틴아메리카 지역 수준에서는 34%를 점유하고 있다(2009년 통계).[18] 이에 더하여 2005년 멕시코 정부는 '멕시코탄소프로그램(PMC)'을 설립해 정부와 민간 그리고 대학 연구소들, 비정부기구 등이 참여해 멕시코의 탄소 사이클에 대한 과학적 조사 연구는 물론 공공정책에 대한 자문과 지원을 받고 있다.

위와 같은 브라질과 멕시코 정부의 REDD+, 혹은 CDM 프로젝트 투자 정책에도 불구하고 여전히 프로젝트 진행 과정에서 한계는 존재한다. 홀(Hall, 2011)이 명확하게 지적하고 있듯이, 이러한 정책은 정책 이행 과정에서 발생하는 주요 갈등에 대해서는 지나치게 낙관적이라고 비판한다. 예를 들어 '효율성과 형평성'에 대한 갈등을 정책 이행 과정 그리고 이 REDD 프로젝트 기금 수주를 놓고 경쟁하는 과정에서 발생하는 문제점을 지나치게 낙관하고 있다는 주장이다. 특히 무임승차에 대한 사전 제거를 통해 이 정책의 효율성을 증진해야

18) 2009년 현재 이 분야에서 110개의 프로젝트를 운영 중이며, 이는 라틴아메리카에 등록된 프로젝트의 28%를 기록하고 있으며, 브라질(38%)에 이어 두 번째 수준이다. 등록된 청정개발체제 프로젝트 중에서 23개가 농업 분야와 관련되어 있다(등록된 모든 청정개발체제 프로젝트 중에서 멕시코는 21% 차지).

하지만 이는 라틴아메리카 산림 지역에 대한 현실적인 이해나 고려가 등한시된 다소 낭만적 정책이자 프로젝트라고 비판한다. 예를 들어 라틴아메리카 산림지역에 거주하는 대부분의 원주민공동체들에 대한 정책 이행 과정에서의 배려나 형평성의 원리는 많이 무시되고 있다는 것이다(Kronik and Verner, 2010: 130).

08 결론 및 정책적 함의

브라질은 사탕수수를 기반으로 하는 바이오 에탄올 생산 증대, 천연가스 시장 확대, 전력공급에서 대체에너지원 개발, 아마존 지역을 중심으로 산림황폐화율의 감소 정책(산림법 강화) 등을 통해 기후변화에 적극 대처해 오고 있다. 2008년 브라질 정부는 이미 기후변화에 대한 국가 계획을 마련해 아마존의 산림 황폐화율을 2017년까지 2006년 수준과 비교해 70%까지 낮춘다는 계획을 세웠으며, 2030년까지 현재의 수준과 비교해 전력 소비를 10% 경감한다는 계획과 전력공급원의 재생에너지 부문으로 확대는 물론 교통부문에서 바이오 연료 사용 확대라는 프로그램과 계획들을 기후변화 대응 정책으로 이행해 오고 있다.

온실가스 배출량에서 화석연료이용 부분이 최대인 멕시코는 천연가스의 사용 확대를 포함해서 에너지 효율화를 증대시키고 산림황폐화를 줄인다는 기본 목표와 방향을 기후변화 대응 정책에 포함시켜 오고 있다. 2007년 기후변화에 대한 국가전략을 마련해 자국의 온실가스 국가보고서 작성은 물론 국제 온실가스 시장을 통해 탄소배출권 거래제(cap-and-trade)를 강화하고 있다. 2008년에는 2002년 수준 아래로 2050년까지 배출량을 50% 줄인다는 장기적 플랜도 내 놓았으며, 2012년 기후변화일반법을 제정해 제도적 차원에서 관리하기 시작했다. 이는 브라질과 멕시코가 개발도상국가들 중에 처음으로 다양한 기후변화 대응 프로그램 및 기후변화 관련 정책 도입을 통해 자발적 규제국가로의 등장을 의미한다. 이러한 자발적 규제국가로의 등장은 본문에서 살펴본 대로 브라질과 멕시코가 안고 있는 기후변화 영향에 대한 취약성의 증가, 경제성장과 에너지소비 증가에 의한 대체에너지 개발 필요성, 미래 에너지 다변화의 필요성 증가, 특히 사회경제적 피해의 확산 등이 주요 원인들로 영향을 준 것으로 보이며, 이와 더불어 국제사회에서 점증하는 양 국가의 기후변화 아젠더 설정에서 주도권 확보 전략 등이 많은 기후변화정책을 도입하고 발전시키는 동인으로 분석될 수 있다.

위처럼 브라질과 멕시코의 향후 기후변화정책은 국내적 혹은 대외적 변수들에 대한 정확한 고려를 통해 더욱 발전해 갈 것으로 보인다. 가장 중요한 것은 브라질과 멕시코의 경우 기후변화 영향과 생태적 취약성에 대한 대응 차원에서 적극성을 띠고 기후변화 정책을 도입하거나 혹은 명확하고 지속적인 대응 프로그램들로 이어지고 있다. 특히 각국 개별 국가가 온실가스 배출에서 취약한 분야에 대한 정책 선호도(브라질은 산림, 멕시코는 화석연료이용)를 정책 선호도 방향으로 접목해 정책을 도입하고 있으며 정책 적합성을 높여오고 있다. 물론 대외적인 변수들도 무시할 수는 없다. 특히 기후변화 완화 능력 달성에 대한 개별 국가들의 도전은 CDM, REDD+, 그리고 국제협력에서 어느 라틴아메리카 국가들에 비교해도 우월하다. 브라질과 멕시코는 기후변화 정책의 제도화를 통해 국가적 차원의 기후변화 대처 전략을 수립하기 위해 국제협력을 통한 금융투자도 강화해 오고 있다. 청정개발체제(CDM) 프로젝트와 같은 대규모 배출 감소 프로젝트가 시행 되고 있으며, 이 프로젝트들은 미래 라틴아메리카 대륙에서 기후변화 활동에 대처하기 위한 자금을 조달하는 데 중요한 원천이 되고 있고 브라질과 멕시코가 이를 적극적으로 리드하고 있다.

그럼에도 불구하고 여전히 이러한 기후변화정책들은 실질적인 정책 이행으로 옮겨가기에는 많은 한계점들을 가지고 있다. 첫째 기술적인 측면이다. 특히 장기간의 기술이전 및 기술투자 그리고 이익의 환수 차원에서 위험 부담이 크고 변수도 크게 작용하는 기술개발 프로젝트들은 단기간에 성과를 보기에는 몹시 어려운 일이다. 둘째, 적응 대상에 관한 한계이다. 이러한 정책들이 지나치게 브라질과 멕시코에 집중되었다는 것으로, 특히 CDM, REDD+ 사업을 양 국가가 독점한다는 지역 내부 비판도 존재한다. 이런 프로젝트가 실질적으로 더 필요한 국가에 투자 우선성을 고려하거나 그리고 국제사회의 선별적 지원보다는 정치적으로 혹은 경제적 투자 관점에서 지나치게 브라질과 멕시코에 너무 집중되었다는 비판에서 자유로울 수 없다. 내부적으로도 원주민 공동체같이 경제적으로 가장 취약한 대상과 농촌 지역에 거주하는 계층을 지원의 대상으로 삼는 것 역시 그에 못지않게 어려운 일이다. 홀이 언급한 것처럼 정책 이행 과정에서 효율성과 형평성의 균형이 중요하기 때문이다. 셋째, 금융에 대한 한계이다. 이러한 기후변화 대응 및 온실가스저감 비용은 민간 부문보다는 공공 부문에서 더 많은 비용을 지불해야하지만 프로젝트의 효율성을 높이기 위해 시장 원리를 도입한 프로젝트들에서(예를 들어, 재생에너지 개발에 대한 각종 경제적 인센티브 제공과 투자 유인 같은) 민간 부문의 참여를 적극적으로 유도하고 있지만 투자 리스트는 여전해서 사적, 혹은 해외투자는 미래 잠재성만큼 현실적인 투자 정도는 크지 않은 형편이다. 기후변화에 대응하기 위한 프로그램과 프로젝트들을 시행하기 위해 민간부문과 공공부문이 함께 협력하는 다양한 금융투자 방법들이 개발되어야 한다. 특히 민간부문이 얻을 수 있는 이익이 제한된 경우에는 공공부문의 개입은 필수적이다. 이를 위한 기후변화 적응과 대응에 대한 정책 이행 측면의 국가능력(state capability)은 하루빨리 배양되어야 한다.

21세기 들어 더욱 급속한 속도로 경제성장이 이루어질 지역으로 라틴아메리카가 주목을 받기 시작하고 있다. 이아 더불어 브라질의 경우에서 보듯이 세계에서 에너지소비 증가가 가장 높은 지역의 하나가 되리라 예상된다(IEA 2012). 예를 들어, 국제에너지기구(IEA: International Energy Agency)는 라틴아메리카 지역의 총 에너지소비가 2008년과 2035년 사이에 60퍼센트 이상 증가할 것이라고 추정하고 있다. 라틴아메리카 국가들 중에서 본 논문 연구 대상인 브라질과 멕시코는 막대한 화석연료(석유 및 천연가스) 개발에 투자하고 있기도 하다. 멕시코의 2008년 '에너지법' 개혁과 2013년 최근 페냐 니에토 행정부의 새로운 에너지법 개혁 논쟁은 다소 현재 멕시코가 추구하고 있는 재생에너지개발 정책(저탄소 정책)과 모순된 경로를 걷고 있다. 이는 거시적 안목에서 보면 지속가능한 개발 전략이 아니다.

마지막으로 기후변화 관련 국제사회의 지원도 인색하다. CDM, REDD+ 그리고 CERs 사례에서 살펴보았듯이, 2011년 10월부터 교토의정서의 온실가스 배출량 감축 활동사업(CDM) 하에 등록된 프로젝트 중 단지 14%(2012년)만이 라틴아메리카 지역에서 이행 중이다. 물론 그 중 거의 60%가 브라질과 멕시코에 편중되어 있다. 기후변화 국제협력 강화 차원에서 라틴아메리카 비중을 더욱 확대할 필요가 있으며 이는 브라질과 멕시코를 포함해서 여타 다른 라틴아메리카 국가들로의 기후변화 관련 정책 도입과 발전 가능성을 위해 중요한 대외변수 하나를 더 추가시켜 줄 수 있을 것이다.

참고문헌

논문 및 저서

신은주, "브라질의 자동차산업 육성 정책", 2012, 정책분석시리즈, 한국자동차산업연구소(KARI).

장수환(2011), "기후변화에 대응하기 위한 파라과이의 산림보존과 기타 토지이용과의 경합 사례 연구", 중남미연구, 30:1, pp. 265~294.

Anthony Hall(2011), "Getting REDD-Y: Conservation and Climate Change in Latin America", Latin America Research Review, Vol. 46, Special Issue, pp. 184-210.

Bloomberg New Energy Finance(BNEF) (2012), "Climate Scope 2012: Assessing the Climate for Climate Investing in Latin America and the Caribbean", London: Multilateral Investment Fund, Member of the IDB Group

De La Torre, A., Fajnzylber, P. and Nash, J.(2010), Low-Carbon Development: Latin American Responses to Climate Change, Washington, D.C.: World Bank.

Detlef Sprinz and Tapani Vaahtoranta(1994), "The interest-based explanation of international environmental policy", International Organization, 48:1, pp. 77-105.

ECLAC(2010), "Low-Carbon Transport Infrastructure: Experiences in Latin America", Bulletin FAL, Issue No. 291, Number 11, in www.cepal.org/transport

Elizabeth Lokey(2009), Renewable Energy Project Development Under the Clean Development Mechanism: A Guide for Latin America, London: Earthscan.

Erin C. Myers Madeira(2008), Policies to Reduce Emissions from Deforestation and Degradation (REDD) in Developing Countries: An examination of the issues facing the incorporation of REDD into market-based climate policies, USA: Resources for the Future.

Fang Rong(2010), "Understanding Developing Country Stances on Post-2012 Climate Change Negotiations: Comparative Analysis of Brazil, China, India, Mexico, and South Africa", Energy Policy, 38, pp. 4582-4591.

Freitas, L.C., Kaneko, S.,(2011). "Decomposition of CO2 emissions change from energy consumption in Brazil: challenges and policy implications". Energy Policy, 39, pp. 1495-1504

Jakob Kronik and Dorte Verner(2010), Indigenous Peoples and Climate Change in Latin America and the Caribbean, Washington D.C.: The World Bank.

Liane Schalatek, Heinrich Böll Stiftung and Nella Canales Trujillo, Smita Nakhooda, and Alice Caravani(2012), "Climate Finance Regional Briefing: Latin America and the Caribbean", ODI, NOVEMBER 2012 in http://www.climatefundsupdate.org/regions/latin-america

Ramon Olivas(2010), "Latin American Policy Changes: Investing in Renewable Energy, Climate Change and Clean Technology", July 13th, Emerging Energy & Environment(EEE), LLC.

Sarah E. West and Ann Wolverton(2005), "Market-Based Policies For Pollution Control in Latin America", in Aldemaro Romero and Sarah E. West (eds), Environmental Issues in Latin America and the Caribbean, pp. 121-147, The Netherlands: Springer.

Schwartzman, S., Moutinho, P., and Hamburg, S.(2012), "Amazon Deforestation and Brazil's Forest Code: a Crossroads for Climate Change", Carbon Management, 3:4, pp. 341-43.

World Bank(2009), "Climate Change Aspects in Agriculture: Mexico Country Note", in http://siteresources.worldbank.org

World Bank(2009), 'Brazil: Country Note on Climate Change Aspects in Agriculture', in http://siteresources.worldbank.org

국제기구 데이터

World Resources Institute: http://cait.wri.org

World Development Indicators:

Natural Resources Defense Council, June 2007 www.nrdc.org/policy

ODI: http://www.odi.org.uk

GEF: http://www.thegef.org

신문 및 정기간행물

http://www.upi.com/Business_News/Energy-Resources/2013/03/15

관련 논문

1. 중남미 및 카리브 지역에서 탄소 추적 시스템 개발을 위한 예비 실험

장유운[1], 박일수[1], 하상섭[1], 장수환[1], 정경원[1], 이강웅[1], 김원호[1], 최용주[1], 조천호[2]

1) 한국외국어대학교 한·중남미 녹색 융합센터

2) 국립기상연구소 기후연구과

교신 저자 : 박일수

출처: Atmosfera 27권 1호(2014)에 투고한 논문

2. 칠레 대기환경 감시시스템 개선 방안에 관한 고찰

박일수[1], 강창국[2], 장유운[1]

1) 한국외국어대학교 한·중남미 녹색 융합센터

2) 한국환경공단 해외사업팀

출처: 중남미연구 33권 1호(2014)에 투고한 논문

3. 멕시코시티 대기오염 저감 정책과 대기측정망의 대기오염물질 특성 연구

장유운[1], 하상섭[1], 박일수[1], 이강웅[1], 정경원[1]

1) 한국외국어대학교 한·중남미 녹색 융합센터

출처: 국제지역연구 17권 4호(2014)에 투고한 논문

4. 브라질 상파울로 시의 미세먼지 발생, 특성 및 정책적 대응 연구

장유운[1], 박일수[1], 하상섭[1], 이강웅[1]

1) 한국외국어대학교 한·중남미 녹색 융합센터

출처: 포르투갈-브라질 연구 10권 3호(2014년)에 투고한 논문

5. 브라질 산림 정책의 변천과 전망

장수환[1)]

1) 한국외국어대학교 한·중남미 녹색 융합센터

출처: 포르투갈-브라질 연구 9권 2호(2012)에 투고한 논문

6. 라틴아메리카 지역의 청정개발체제(CDM) 프로젝트의 현황과 미래

장수환[1)]

1) 한국외국어대학교 한·중남미 녹색 융합센터

출처: 포르투갈-브라질 연구 제10권 제3호(2013)에 투고한 논문

7. 라틴아메리카 기후변화정책 발전 동인 분석: 브라질과 멕시코 비교

하상섭[1)]

1) 한국외국어대학교 한·중남미 녹색 융합센터

출처: 포르투갈-브라질 연구 10권 2호(2013)에 투고한 논문.

찾아보기

한국외국어대학교중남미연구소
라틴아메리카총서 09

라틴아메리카
대기환경과 기후변화

초판 인쇄 2015년 6월 25일
초판 발행 2015년 6월 30일

지은이 정경원 외
발행인 김인철
발행처 한국외국어대학교 지식출판원
130-791 서울특별시 동대문구 이문로 107
전화 02)2173-2495~7
팩스 02)2173-3363
홈페이지 http://press.hufs.ac.kr
전자우편 press@hufs.ac.kr
출판등록 제6-6호(1969. 4. 30)
디자인 · 편집 (주)이환디앤비 02)2254-4301
인쇄 · 제본 상지사피앤비 031)955-3636

ISBN 978-89-7464-003-3 94080 정가 15,000원
978-89-7464-619-6 (세트)

*잘못된 책은 교환하여 드립니다.

HU:NE은 한국외국어대학교 지식출판원의 어학도서, 사회과학도서, 지역학 도서 Sub Brand이다. 한국외대의 영문명인 HUFS, 현명한 국제전문가 양성(International+Intelligent)의 의미를 담고 있으며, 휴인(携引)의 뜻인 '이끌다, 끌고 나가다'라는 의미처럼 출판계를 이끄는 리더로서, 혁신의 이미지를 담고 있다.